Beiträge zur Graphischen Datenverarbeitung

Herausgeber:
Zentrum für Graphische Datenverarbeitung e.V. Darmstadt (ZGDV)

Kornél Klement

Präsentation mit STEP

Schnittstelle zwischen Computer-Graphik und CAD/CIM

Mit 50 Abbildungen

Springer-Verlag
Berlin Heidelberg New York
London Paris Tokyo
Hong Kong Barcelona
Budapest

Reihenherausgeber

ZGDV, Zentrum für Graphische Datenverarbeitung e.V.
Wilhelminenstraße 7, W-6100 Darmstadt

Autor

Dipl.-Math. Kornél Klement
IBM – Europäisches Zentrum für Netzwerkforschung (ENC)
Tiergartenstraße 8, W-6900 Heidelberg

Diese Ausgabe enthält die im Jahr 1992 an der Technischen Hochschule in Darmstadt, Fachbereich Informatik, unter dem Titel *Präsentation von Produktmodelldaten – Schnittstelle zwischen Computer-Graphik und CAD/CIM* genehmigte Dissertation (Hochschulkennziffer D17).

ISBN-13:978-3-540-55644-2 e-ISBN-13:978-3-642-77624-3
DOI: 10.1007/978-3-642-77624-3

Die Deutsche Bibliothek – CIP-Einheitsaufnahme
Klement, Kornél: Präsentation mit STEP : Schnittstelle zwischen Computer-Graphik und CAD/CIM / Kornél Klement. – Berlin ; Heidelberg ; New York ; London ; Paris ; Tokyo ; Hong Kong ; Barcelona ; Budapest : Springer, 1992
ISBN-13:978-3-540-55644-2

Satz: Reproduktionsfertige Vorlage vom Autor
33/3140 - 5 4 3 2 1 0 – Gedruckt auf säurefreiem Papier

Vorwort

Das vorliegende Buch entstand während meiner Tätigkeit als wissenschaftlicher Mitarbeiter zunächst am Fachgebiet Graphisch-Interaktive Systeme im Fachbereich Informatik an der Technischen Hochschule Darmstadt (THD-GRIS) und später bei der Fraunhofer-Arbeitsgruppe für Graphische Datenverarbeitung in Darmstadt (FhG-AGD).

Ein Schwerpunkt meiner Tätigkeiten lag dabei an Problemstellungen, an deren Lösungen zu arbeiten ich seit Herbst 1986 national im Arbeitskreis 96.4 des DIN-NAM (Deutsches Institut für Normung – Normenausschuß Maschinenbau) und international in der Arbeitsgruppe TC184/SC4/WG3 der ISO (International Organization for Standardization) kontinuierlich Gelegenheit hatte. Auch die diesem Buch zugrundeliegende Problemstellung wurde und wird auch heute noch in diesen Gremien im Rahmen der Entwicklung zukunftsorientierter Normen für den CAD-Modelldatenaustausch intensiv diskutiert.

Dieses Tätigkeitsumfeld ermöglichte mir das gleichzeitige Arbeiten in mehreren Gruppen mit leicht unterschiedlichen Zielvorgaben. Dadurch erhielt ich zahlreiche Anregungen und konnte sehr vielseitiges Wissen aufnehmen, das ich mich stets bemühte anzureichern sowie an Interessierte weiterzugeben. Auch die Ergebnisse dieses Buches stehen im Brennpunkt zwischen den obigen Instituten und Arbeitskreisen (siehe Abb. 0.1). Insbesondere hoffe ich, durch das vorliegende Buch das Wissen am Institut THD-GRIS und an der FhG-AGD vermehren sowie zum Gelingen der Entwicklung zu STEP-Präsentation beitragen zu können, für deren entstehendes Normendokument ich seit Sommer 1989 in der Funktion des Dokumenteigentümers und -editors mitverantwortlich bin.

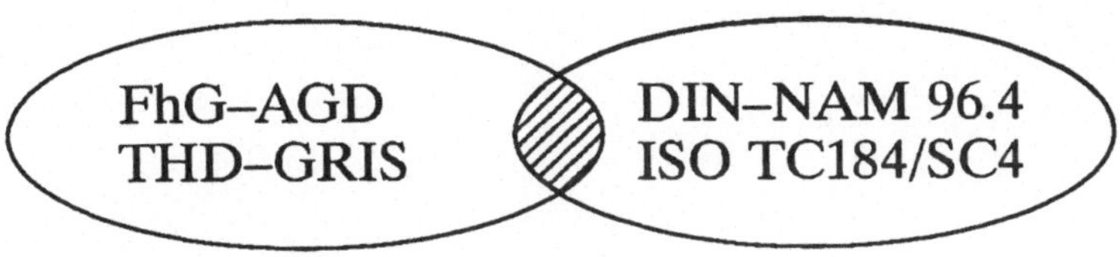

Abb. 0.1. Umfeld des vorliegenden Buches

Mein besonderer Dank gilt Herrn Prof. Dr. J.Encarnação für das Anregen des interessanten Themas und die vielen Ideen und Vorschläge, die zum Gelingen dieses Buches beigetragen haben.

Ebenso möchte ich mich bei meinen Kollegen der FhG-AGD, THD-GRIS sowie des Zentrums für Graphische Datenverarbeitung in Darmstadt für die gute Zusammenarbeit bedanken. Insbesondere gilt mein Dank meinem Abteilungsleiter Dr. J. Rix, den Kollegen M. Ungerer, K. Schroeder, K. Gu sowie dem Hilfswissenschaftler L. Orbán, die mich stets mit Rat und Tat unterstützten.

Ausdrücklich möchte ich mich an dieser Stelle auch bei den Mitstreitern in den oben erwähnten Normungsgremien für die zahlreichen fruchtvollen Diskussionen bedanken; insbesondere bei Prof. Dr. H. Nowacki (TU Berlin), Prof. Dr. M. Engeli (ETH Zürich), R. Winfrey (DEC Nashua), J. Mohrmann (debis Stuttgart), A. Márkus (MTA-SZTAKI Budapest), N. Appel (DEC Chelmsford), Y. Yang (Appleton Manhattan Beach), B. Danner (NIST Gaithersburg) sowie D. Sanford (Boeing Seattle).

Darmstadt, Januar 1992 Kornél Klement

Inhaltsverzeichnis

1	**Einleitung**	1
1.1	Problemstellung	1
1.2	Vorgehensweise und Übersicht	3
2	**Stand der Technik**	5
2.1	Stand der Technik im Bereich der Computer-Graphik	5
2.2	Stand der Technik im Bereich des CAD	6
2.3	Angrenzende Disziplinen	8
3	**Referenzmodelle als Ordnungsschemata**	9
3.1	Referenzmodell für Computer-Graphik	9
3.2	Referenzmodelle für CAD	10
3.3	Vergleich im Hinblick auf die Präsentation	14
4	**Normen im Bereich der Computer-Graphik**	15
4.1	GKS	16
4.2	GKS-3D	18
4.3	PHIGS und PHIGS-PLUS	18
4.4	CGM sowie Amendment 1, 2 und 3	20
4.5	Vergleich im Hinblick auf die Präsentation	23
5	**Normen im Bereich des CAD**	29
5.1	IGES	30
5.2	VDAFS	35
5.3	SET	38
5.4	EDIF	46
5.5	VDAPS	49
5.6	STEP	52
5.7	Vergleich im Hinblick auf die Präsentation	60

6 Neues Konzept des Produktmodells 67
6.1 Produktlebenszyklus 68
6.2 Produktklassen 68
6.3 Produkteigenschaften 70
6.4 Produktpräsentation 70
6.5 Referenzbild des Produktmodells 71
6.6 Der modulare Aufbau des Produktmodells 73
6.7 Die formale Spezifikation des Produktmodells 74

7 Präsentation von Produktmodellen 77
7.1 Präsentationsarten 79
7.2 Konkretisierung der Präsentation 82
7.3 Referenzgraph der Präsentation 85

8 Bestandteile der Präsentation 87
8.1 Realitätstreue Darstellungselemente 87
8.1.1 Attributbündel 88
8.1.1.1 Punktstilbündel 88
8.1.1.2 Kurvenstilbündel 88
8.1.1.3 Flächenstilbündel 89
8.1.2 Attributvererbung in der Produktgestalt 90
8.1.3 Präsentation eines B-Rep-Körpermodells 90
8.1.4 Präsentation eines CSG-Körpermodells 91
8.1.5 Approximationsmodell 92
8.2 Transformationen der Realitäts-Pipeline 93
8.2.1 Kameramodell 94
8.2.2 Beleuchtungsmodell 94
8.2.3 Schattierungsmodell 94
8.2.4 Farbmodell 95
8.3 Symbolische Darstellungselemente 95
8.3.1 Annotationspunkt 96
8.3.2 Annotationskurve 96
8.3.3 Annotationsfüllgebiet 96
8.3.4 Annotationstext 97
8.3.5 Annotationssymbol 98
8.3.6 Annotationstabelle 98
8.4 Transformationen der Symbolik-Pipeline 99
8.4.1 Instanziierungsmodell 99
8.4.2 Verknüpfung mit der Realitäts-Pipeline 99
8.5 Strukturen 100
8.5.1 Layout-Hierarchie einer Präsentation 100
8.6 Bibliotheken 105
8.7 Anwendungsprotokolle 107

9 Realisierung der Präsentation in STEP 111
9.1 Aufgaben 112
9.2 Prinzipien 112
9.3 Beziehung zur Computer-Graphik 113
9.4 Beziehung zu Text- und Bürosystemen 114
9.5 Beziehung zum Zeichnungswesen 114
9.6 Implementierungskonzepte 115

10 Alternative Ansätze 117

11 Zusammenfassung und Ausblick 121

12 Anhänge 125
12.1 EXPRESS-G-Referenzmodell des Präsentationsschemas 125
12.2 Abkürzungen 146
12.3 Abbildungsverzeichnis 147
12.4 Literaturverzeichnis 151

1 Einleitung

Anstoß und Katalysator für das vorliegende Buch ist der dringende industrielle Bedarf der CAD/CAM-Anwender: Ihre fertigen oder halbfertigen Produktmodelldaten, wie z.B. Geometrie-, Technologie- und Planungsdaten, zusammen mit deren visueller Präsentation, zuverlässig innerhalb eines oder zwischen verschiedenen Unternehmen austauschen zu können und damit all denjenigen zur Verfügung zu stellen, die nachfolgende Arbeitsschritte durchführen müssen.

1.1 Problemstellung

Die dringendste kurzfristige Anforderung stellt dabei der Austausch von technischen Zeichnungen dar. Nach neuesten Umfragen des VDI (Verband der deutschen Ingenieure) wird CAD in der industriellen Anwendung zu 80% für das Erstellen von technischen Zeichnungen verwendet [AND90]. Jedoch ist die Aufgabe des verlustfreien Austausches der in einer technischen Zeichnung dargestellten Produktmodellinformation bis heute nicht befriedigend gelöst.

Das langfristige Ziel ist sicherlich die Integration der einzelnen CIM-Inseln in ein durchgängiges Produktmodellkonzept. Ein solches Produktmodellkonzept muß berücksichtigen, daß die Instanzen der einzelnen Komponenten des Produktmodells mittels einer einheitlichen graphisch-interaktiven Schnittstelle von den Anwendern, also den Produktmodellierern selbst, wie z.B. Maschinenbauer, Elektronik-Fachleute oder Industrie-Designer, erzeugt und manipuliert werden müssen. Diese durch die visuellen Fähigkeiten des Menschen geprägte Schnittstelle zwischen dem Anwender als Produktmodellierer und dem CIM-Produktmodell stellt neue Anforderungen an die auf dem Graphiksystem basierende Präsentationsschicht [ENC86a].

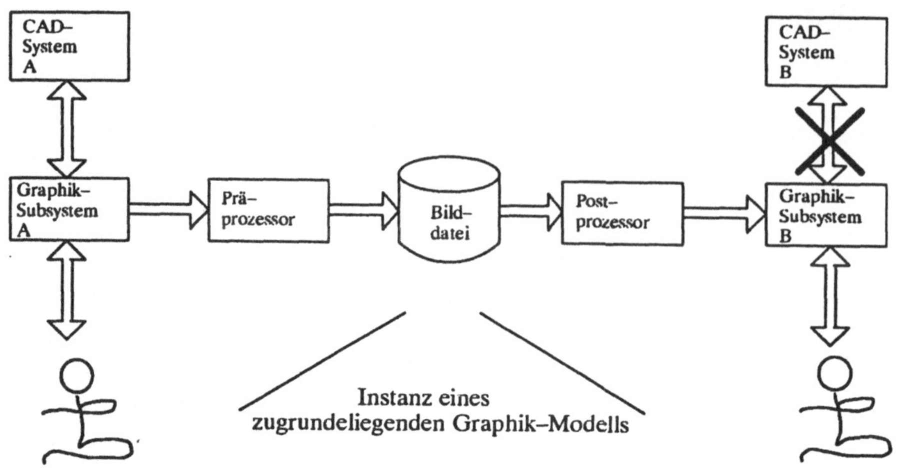

Abb. 1.1. Austausch von Bilddateien

Heutige Graphiksysteme können ansprechende schattierte Bilder erzeugen, wobei ein Eindruck von Realität erweckt wird bzw. imitiert werden soll. Der Austausch von solchen Bildern in graphischen Bilddateien ist jedoch im Hinblick auf eine Weiterverarbeitbarkeit im Kontext von CAD, oder gar CIM, unbefriedigend. Dies ist in der Hauptsache in der fehlenden Rückkopplung zwischen den Bausteinen einer Bilddatei, den sogenannten Graphikprimitiven, zu den logisch höherwertigen Elementen des rechnerinternen Datenmodells eines CAD-Systems begründet (siehe Abb. 1.1).

Heutige CAD-Systeme hingegen ermöglichen im Kern die Erzeugung von strukturierten, technischen Zeichnungen (Computer Aided Draughting), sowie die Beschreibung der dreidimensionalen äußeren Gestalt von Produkten durch rechnerinterne Geometrie- und Topologiemodelle, die kanten-, oberflächen- oder volumenorientiert sein können (Computer Aided Design). Gegenwärtige CAD-Modelldatenaustauschformate sehen den Transfer dieser beiden prinzipiell verschiedenen CAD-Modellarten vor, wobei der Austausch von technischen Zeichnungen mit den bereits erwähnten Problemen belastet ist. Bei dem Austausch der gestaltsorientierten CAD-Modelle werden jedoch die spezifischen Informationen über die Art und Weise der anwendungsgerechten Visualisierung nur ungenügend berücksichtigt (siehe Abb. 1.2). Eine vom Sender eindeutig definierte, bildliche Darstellung des CAD-Modells wäre hingegen die Grundlage für die schnelle und konsistente graphisch-interaktive Weiterverarbeitung der empfangenen Produktmodelldaten auf der Empfängerseite.

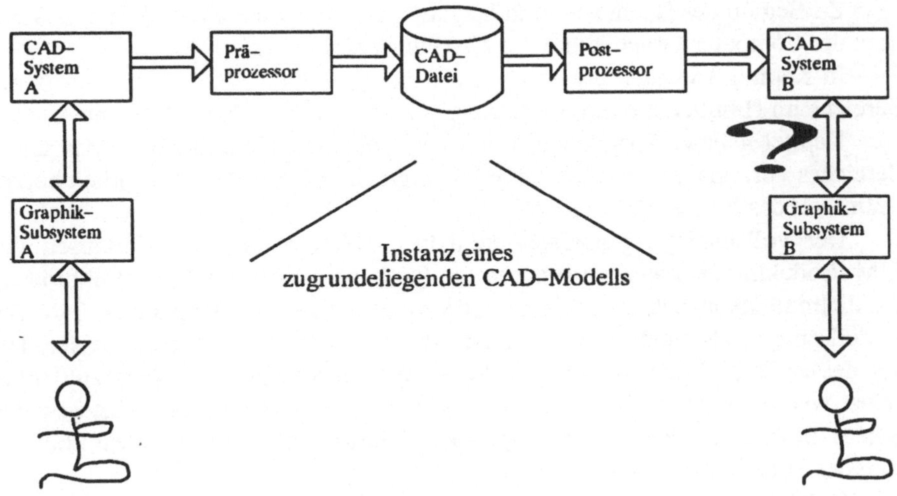

Abb. 1.2. Austausch von CAD-Dateien

1.2 Vorgehensweise und Übersicht

Das vorliegende Buch zeichnet sich insbesondere durch Interdisziplinarität aus, da sie Begriffe und Modelle sowohl des Computer-Graphik-Bereichs als auch des CAD-Bereichs analysiert und anschließend eine Problemlösung herleitet, die die Möglichkeiten und Anforderungen beider Bereiche hinreichend berücksichtigt. Fachleute des Computer-Graphik-Bereichs sehen in einem realitätsnahen Bild bereits die erfolgreiche Realisierung der von ihnen zur Verfügung gestellten Möglichkeiten, wohingegen CAD-Experten ein Bild lediglich als eine symbolische Reduktion eines herzustellenden Produkts auffassen. Diese Phasenverschiebung, in der Interessenlage der jeweiligen Anwendergruppen, wird in dem entwikkelten Präsentationsmodell in die Betrachtung einbezogen und kann demzufolge ohne Informationsverlust überbrückt werden.

Um das Hauptaugenmerk des Lesers von vornherein in die richtige Richtung zu lenken, erfolgt an dieser Stelle zunächst die Präzisierung des sehr vielseitig verwendbaren Begriffs der Präsentation, wie er im Kontext des vorliegenden Buches zu verstehen ist:

> Das *Präsentationsmodell* stellt die notwendigen Informationen zur Erzeugung von bildlichen Darstellungen von Produktmodelldaten zur Verfügung und gewährleistet die Assoziativität zwischen Produktmodell und Bildmodell.

Zu Beginn des Buches wird in Kapitel 2 der Stand der Technik in den Bereichen der Computer-Graphik und des CAD umrissen.

In Kapitel 3 werden die abstrakten Referenzmodelle der beiden betroffenen Bereiche im Hinblick auf ihre Berührungspunkte mit der Präsentation untersucht.

Kapitel 4 bzw. 5 stellen Normen des Computer-Graphik- bzw. des CAD-Bereiches vor, und untersuchen diese im Hinblick auf ihre Verwendbarkeit bei der Definition des Präsentationsmodells.

Der vollständige, graphisch-interaktiv weiterverarbeitbare Austausch von CIM-Produktmodelldaten wird durch die Definition eines modular strukturierten Produktmodellkonzepts ermöglicht. Dieses in Kapitel 6 hergeleitete Produktmodell enthält als fundamentalen Bestandteil ein separates Präsentationsmodell, mit dessen Hilfe auch die im vorigen Kapitel geschilderten Problemstellungen gelöst werden können. Dieses formalisierbare Produktmodell dient als grundlegendes Referenzmodell für die folgenden Detaillierungsschritte in der Entwicklung des Präsentationsmodells.

In Kapitel 7 wird durch mehrfache Konkretisierung der globalen Konzepte und Randbedingungen des Produktmodells ein Referenzgraph der Präsentation entwickelt. Mit dessen Hilfe können sowohl realitätstreue als auch symbolische Visualisierungen von Produkten auf virtuellen Präsentationsflächen beschrieben werden.

Die Darstellungselemente, Attributbündel und Transformationen sowohl der Realitäts- als auch der Symbolik-Pipeline, sowie die notwendigen Layout-Strukturen mit ihren Fähigkeiten zur Darstellungskontrolle, Schriftsatz- und Symbolbibliotheken, sowie abschließend anforderungsgerechte Anwendungsprotokolle werden in Kapitel 8 ausführlich erläutert und ihre Wirkungsweisen beschrieben.

Kapitel 9 stellt die in STEP berücksichtigten Zielvorgaben und Prinzipien bei der Formalisierung sowie Konzepte zur Implementierung des Präsentationsmodells vor.

In Kapitel 10 hingegen werden alternative Lösungsansätze für die Entwicklung des Präsentationsmodells diskutiert.

Zum Schluß des Buches erfolgt in Kapitel 11 eine Zusammenfassung der Ergebnisse mit einem Ausblick auf kurz-, mittel- und langfristig durchzuführende weitere Arbeiten auf diesem Gebiet.

Im ersten Anhang in Kapitel 12 schließlich können die wichtigsten Aspekte der formalen Definitionen sämtlicher Bestandteile des Präsentationsmodells in leicht überschaubaren Diagrammen eingesehen werden. Anhang 2, 3 und 4 in Kapitel 12 geben dem Leser eine Übersicht über die verwendeten Abkürzungen, einen Nachweis der enthaltenen Bilder sowie ein Verzeichnis der referenzierten Literatur.

2 Stand der Technik

Zunächst jedoch werden Charakteristika sowie Fähigkeiten von gegenwärtig existierenden Graphik- und CAD-Systemen gemäß dem Stand der Technik kurz vorgestellt.

2.1 Stand der Technik im Bereich der Computer-Graphik

Die generative Computer-Graphik, die sich mit den Wechselwirkungen von Bilderzeugung durch einen Rechner und der rechnergerechten Bildbeschreibung selbst befaßt, durchläuft spätestens seit den 70er Jahren infolge des ständig sinkenden Preis/Leistungs-Verhältnisses eine rasante Entwicklung [ENC86b]. Diese Entwicklung betrifft auch heute die folgenden zentralen Bereiche:

- Entwurf schneller, paralleler Hardware-Architekturen mit erweiterten Speicherkapazitäten,
- Implementierung komplexer Software-Systeme zur Erzeugung von photorealistischen Bildern,
- Verbesserung der Portabilität durch internationale Normen zur Erreichung der Geräteunabhängigkeit insbesondere von graphischer Software,
- Einsatz der durch die Computer-Graphik zur Verfügung gestellten Methoden und Techniken in vielen unterschiedlichen Disziplinen.

Das Auftreten und die Verbreitung des objektorientierten Paradigmas im Bereich des Software-Entwurfs in den letzten Jahren führte zur Kristallisation zweier zusätzlicher Schwerpunkte im Forschungs- und Entwicklungsumfeld der Computer-Graphik [WIS88]:

- Objektorientierte Benutzungsschnittstellen, die die Kommunikation zwischen Mensch und Maschine (Rechner) durch intuitive, sogenannte graphische Objekte vereinfachen.
- Objektorientierte graphische Programmierumgebungen, die die allgemeinen Konzepte der objektorientierten Programmierung bei der Entwicklung graphischer Programmsysteme anwenden.

2.2 Stand der Technik im Bereich des CAD

Seit Mitte der 80er Jahre beginnen sich im Bereich des CAD/CAM die Körpermodellierer gegenüber den Draht- und Flächenmodellierern durchzusetzen [JOH86]. Dies geschieht sowohl auf der Seite der CAD-Systemanbieter als auch auf der Seite der CAD-Systemanwender. Die Körpermodellierer bestehen dabei im allgemeinen aus den folgenden wichtigsten Komponenten:

- Modell,
- Modellierer,
- interaktives Subsystem,
- Anwendungsprogrammen.

Aus dem Blickwinkel der Benutzer betrachtet, haben diese Systeme generell ihre größten Einschränkungen in den Bereichen:

- Freiformflächen,
- Benutzerfreundlichkeit,
- Anzahl der zur Verfügung stehende Anwendungen.

Die wichtigsten Einsatzgebiete zur Nutzung der Fähigkeiten der Körpermodellierer sind:

- Visualisierung,
- Berechnung der Masseneigenschaften,
- Zusammenfügen von dichten, hochbestückten Baugruppen,
- Modellierung von komplexen Gestaltsformen für die Finite-Element-Analyse.

Entwicklungsbestrebungen und Entwicklungsmöglichkeiten für den zukünftigen Einsatz der Körpermodellierer liegen in den Bereichen:

- automatische Generierung von Finite-Element-Netzen,
- Analyse der kinematischen und kinetischen Mechanismen,
- Überschneidungsanalyse für vollständige Maschinen,
- Passanalyse,
- automatische Zeichnungserstellung,
- automatische NC-Programmierung,
- Roboterprogrammierung,
- Modellierung, Akkumulation und Analyse von Toleranzen,
- Modellierung von verformbaren Teilen.

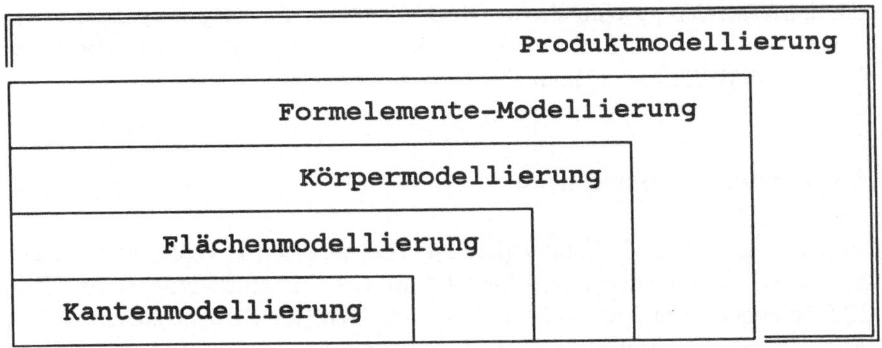

Abb. 2.1. Entwicklung der Methodologie in der CAD-Technologie

Resümierend betrachtet, gehen somit heutzutage die Anforderungen an CAD-Systeme über die Fähigkeiten der reinen Gestaltsmodellierung hinaus und weisen auf einen Bereich hin, der häufig mit dem Begriff Produktmodellierung umschrieben wird. Einen Zwischenschritt auf diesem Weg stellt die Formelemente-Modellierung dar. Diese erfaßt bereits die Semantik der Produktgestalt, die die Funktionalität sowie die Zusammenhänge und Abhängigkeiten ebenfalls beinhaltet. Die fortschreitende Entwicklung der Methodologie in der CAD-Technologie wird durch das Blockdiagramm in Abb. 2.1 angedeutet.

Die gegenwärtig bedeutendsten Einsatzgebiete für die computergestützte Modellierung sind die folgenden [ABE90]:

- mechanische Konstruktion:
  - Blechteilekonstruktion,
  - Freiformflächen-Konstruktion,
- Elektronik,
- elektrische Schemata,
- Struktur-Design und Stahlbau:
  - konstruktiver Hallenbau,
  - Konstruktion von Maschinenfundamenten,
- Rohrleitung und Anlagenbau.

Diese ebengenannte Liste erhebt keinen Anspruch auf Vollständigkeit. Generell läßt sich feststellen, daß alle Branchen die durch die Rechnerunterstützung möglichen Vorteile nutzen möchten. Die günstige Tendenz im Preis/Leistungs-Verhältnis von Hard- und Software für CAD ermöglichen mittlerweile mittelständischen Unternehmen, aber im zunehmenden Maße auch kleineren Gemeinschaftsbüros von z.B. Architekten oder Industrie-Designern den Einstieg in diese mehrere Arbeitsschritte integrierende Technologie [KLE89c].

Ein umfassender geschichtlicher Rückblick auf die Ursprünge von CAD sowie eine detaillierte Analyse der zukünftigen Einsatzmöglichkeiten des rechnergestützten Modellierens, z.B. im Netzbetrieb, findet sich in [ENC90].

2.3 Angrenzende Disziplinen

Ohne einen Anspruch auf Vollständigkeit zu erheben, seien an dieser Stelle wichtige angrenzende Disziplinen aufgeführt, die mit der Computer-Graphik bzw. mit dem CAD in engen, zum Teil wechselwirkungsartigen Beziehungen stehen.

Angrenzende Disziplinen der Computer-Graphik:

- Bildverarbeitung,
- Bildanalyse,
- Animation,
- Fensterverwaltung,
- Dokumentenerstellung,
- multimediale Systeme.

Angrenzende Disziplinen des CAD:

- Produktanalyse,
- kinematische Simulation,
- rechnergestützte Fertigung,
- Qualitätssicherung,
- Produktionsplanung,
- Produktionssteuerung.

3 Referenzmodelle als Ordnungsschemata

Zur Herleitung der einzelnen Teilaufgaben, die für die visuelle Präsentation von Produktinformationen notwendig sind, werden in einer vom allgemeinen zum speziellen fortschreitenden (top-down) Vorgehensweise zunächst Referenzmodelle der beiden betroffenen Disziplinen vorgestellt. Dabei werden die Referenzmodelle daraufhin untersucht, wie neben einer umfassenden globalen Beschreibung des eigenen Gebietes, die Beziehungen zum jeweils anderen Gebiet gesehen oder gewünscht werden. Diese Schnittstellen werden den Ausgangspunkt für die Entwicklung des Präsentationsmodells bilden.

In den beiden darauffolgenden Kapiteln werden die existierenden Normen sowie fortgeschrittenen Normungsaktivitäten zur Lösung von speziellen Aufgaben in diesen beiden Disziplinen vorgestellt (siehe auch [BUR89]). Besonderer Wert wird bei der jeweiligen Beschreibung der Normen auf das korrekte Verständnis der folgenden Sachverhalte gelegt:

- Ziele,
- Umfang,
- Methodologie.

Anschließend werden die für die Definition des Präsentationsmodells relevanten Bestandteile der Normen separat gesammelt und deren mögliche Bedeutung bei der Detaillierung des Präsentationskonzepts untersucht.

3.1 Referenzmodell für Computer-Graphik

Das Computer-Graphik-Referenzmodell [CGR89] beschreibt graphische Systeme durch Bilder und Datenstrukturen in jeweils vier Umgebungen, in die die Konzepte der graphischen Ein- und Ausgabe eingebettet sind. Die höchste vierte Umgebung (Ebene, Schicht) wird Anwendungsumgebung genannt, um die Vielzahl der sinnvollen Einbettungen von Computer-Graphik anzudeuten. In dieser vierten Umgebung werden die Aspekte der jeweiligen Anwendung an die Elemente des Graphikmodells angebunden.

Keine Anwendung, auch nicht CAD, wird im Computer-Graphik-Referenzmodell mit Namen erwähnt. Offensichtlich ist CAD jedoch eine spezielle Anwendungsumgebung für graphische Systeme, da zur Modellierung der CAD-Aspekte Graphikfunktionalität sowie graphische Darstellungselemente und -attribute verwendet werden.

Eine weitergehende Analyse und Auseinandersetzung mit diesem Referenzmodell für Computer-Graphik, sowie dessen Auswirkungen auf die Integration von graphischen Systemen mit verschiedenen Bereichen der computergestützten Datenverarbeitung, unter anderem mit CAD, findet sich in [POL89].

3.2 Referenzmodelle für CAD

Ziel des CAD-Referenzmodells, das von der GI (Gesellschaft für Informatik) entwickelt wurde und in die internationalen Normungsbestrebungen eingebracht werden soll, ist es, Anwendern und Herstellern von CAD-Systemen ein Ordnungskriterium sowie Beschreibungsmittel zur Verfügung zu stellen [GI_89].

Dieses Referenzmodell beschreibt ein CAD-System funktional als eine Vielzahl miteinander kommunizierender Prozesse, die auf der Grundlage von abstrakten Datenstrukturmaschinen spezifiziert sind. Diese Prozesse besitzen als gemeinsame Basis ein nicht näher spezifiziertes Produktmodell, das gleichzeitig die Synchronisation der Prozesse vereinfacht. Die Prozesse selbst werden nach Prozessen des CAD-Systems sowie nach Prozessen der dazugehörigen Basisdienste unterschieden. Die Prozesse des CAD-Systems sind in Funktionsgruppen unterteilt, die ein CAD-System aus anwendungsorientierter und aus systemtechnischer Sicht beschreiben (siehe Abb. 3.1).

Die Prozesse aus anwendungsorientierter Sicht gehen von einem gemeinsamen Produktmodell aus, in dem alle zur CAD-Anwendung benötigten Informationen enthalten sind. Die Abbildung dieses Produktmodells in ein Datenmodell erfordert eine CAD-Umgebung, die durch Systemkonfiguration, Organisation, Benutzungsoberflächen, Modellierer sowie Einheiten zur Berechnung und Simulation beschrieben wird. Das dazugehörige aufgabenrelevante Wissen, sowie die Integration der Prozesse untereinander, ist ebenfalls Teil dieser anwendungsorientierten Sicht.

Die systemorientierte Sicht beschreibt die Prozesse der einzelnen Stufen der dynamischen Systemgenerierung, die in einem solchen CAD-System möglich sein sollen. Diese reichen von Prozessen der Systemanpassung über Systembereitstellung bis zur Systemanwendung.

Die Basisdienste bilden in ihrer Gesamtheit die Hard- und Softwaregrundlagen, die für die Unterstützung der Entwicklung, der Wartung und des Betriebes eines CAD-System erforderlich sind. Das CAD-Referenzmodell der GI führt die folgenden Systemkomponenten als Beispiele für Basisdienste auf:

- Programmierumgebung,
- Betriebssystem,

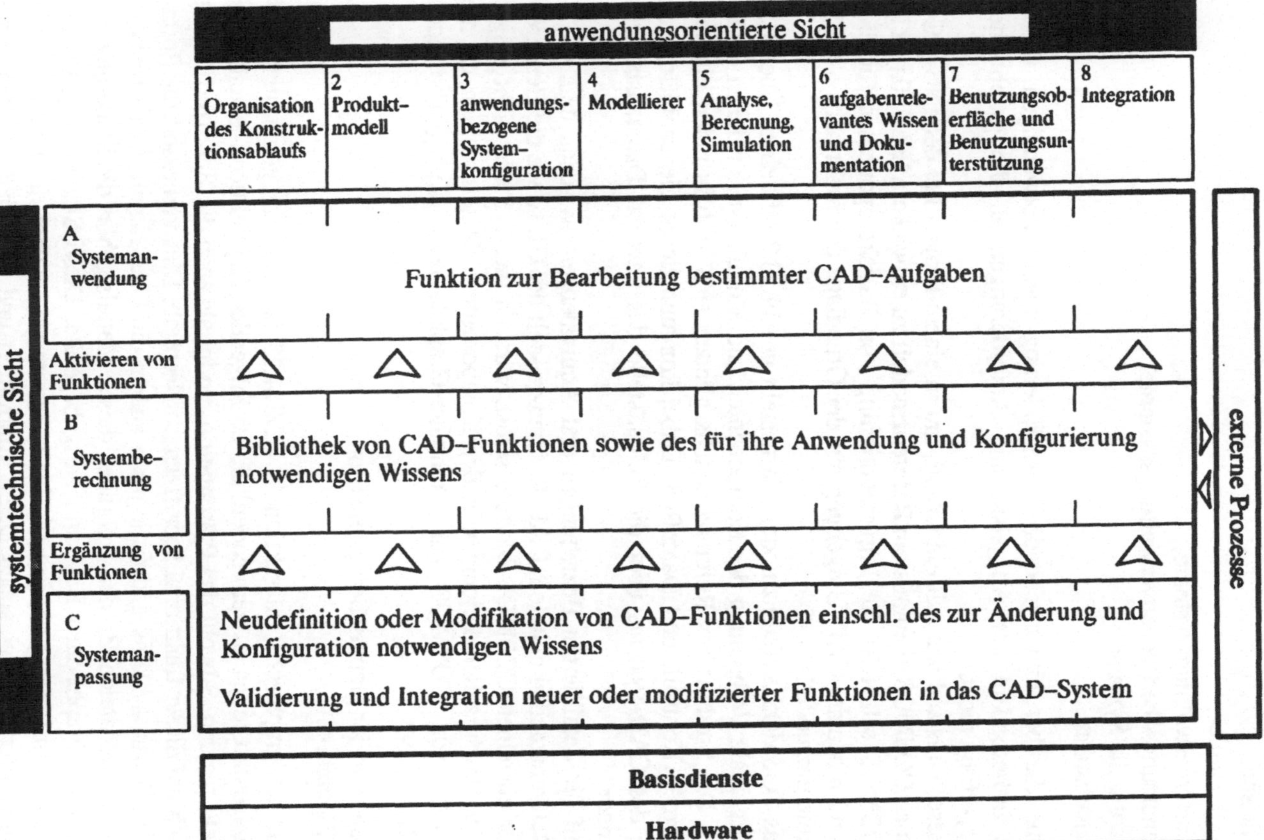

Abb. 3.1. Architektur des CAD-Referenzmodells der GI

- Editoren,
- Gerätetreiber,
- Fensterverwaltungssysteme,
- Benutzungsoberflächenverwaltungssysteme,
- graphische Systeme,
- Datenbanken.

Eine darüber hinausgehende Klassifizierung dieser notwendigen Basisdienste, insbesondere der Aufgaben und Anforderungen an die graphischen Systeme, erfolgt nicht.

Dieser Umstand war mit ein Grund, um in einem Projekt bei der FhG-AGD mit Namen COSMOS ebenfalls ein Referenzmodell zu entwickeln [KLE90a]. Ziel von COSMOS selbst ist die Implementierung von Basiskomponenten für eine offene und modulare CAD-Umgebung auf der Grundlage des funktionalen COSMOS-Referenzmodells.

Das COSMOS-Referenzmodell, dargestellt in Abb. 3.2 gibt einen Überblick über die globale Verbindung der Komponenten und Module eines offenen CAD-Systems. Die Struktur des Referenzmodells gliedert sich grob in einen internen und externen Kontroll- und Datenfluß. Dabei kommunizieren die unabhängigen Module des CAD-Systems über die Schnittstelle des internen Datenaustauschs miteinander.

Auf die detaillierten Beziehungen und Äquivalenzen zwischen dem COSMOS-Referenzmodell und dem CAD-Referenzmodell der GI, sowie die Beschreibung der einzelnen COSMOS-Module selbst, wird an dieser Stelle nicht eingegangen. Vielmehr sollen diejenigen beiden Komponenten erläutert werden, die die Schnittstelle von COSMOS zur Computer-Graphik realisieren (siehe auch [EAR87]):

- Kontrolle der graphischen Interaktion,
- Präsentation.

Für die graphische Interaktion in COSMOS ist eine der genormten Programmierschnittstellen zu verwenden, die im folgenden Kapitel noch jeweils kurz vorgestellt werden. Sowohl das Präsentationsmodul als auch die Benutzerführung stützt sich auf dieser funktional spezifizierten Norm ab. Dies verbessert die Portabilität des Gesamtsystems und ermöglicht zudem die Übertragung und Archivierung reiner Bilddateien. Zu den Aufgaben dieses Moduls gehört die Steuerung der verschiedenen graphischen Ein- und Ausgabegeräte. Diese Steuerung geschieht durch den Aufruf von graphischen Unterprogrammen, wobei die resultierenden bzw. angeforderten graphischen Daten kontrolliert und anschließend übertragen werden.

Die Präsentation beinhaltet die Visualisierung der mit Hilfe des Systems modellierten Produktinformationen sowie die Erhaltung der Assoziativität zwischen dem systeminternen Produktmodell und dem Graphikmodell. Insbesondere müssen dazu sämtliche Produktelemente, unter Beachtung ihrer hierarchischen Beziehungen untereinander, auf darstellbare Graphikelemente abgebildet werden.

Die Wahl der den Produktelementen zuzuordnenden Präsentationsattribute, wie z.B. Farben, Kameramodell oder Texturen, erfolgt durch den Anwender bereits während der Modellierung.

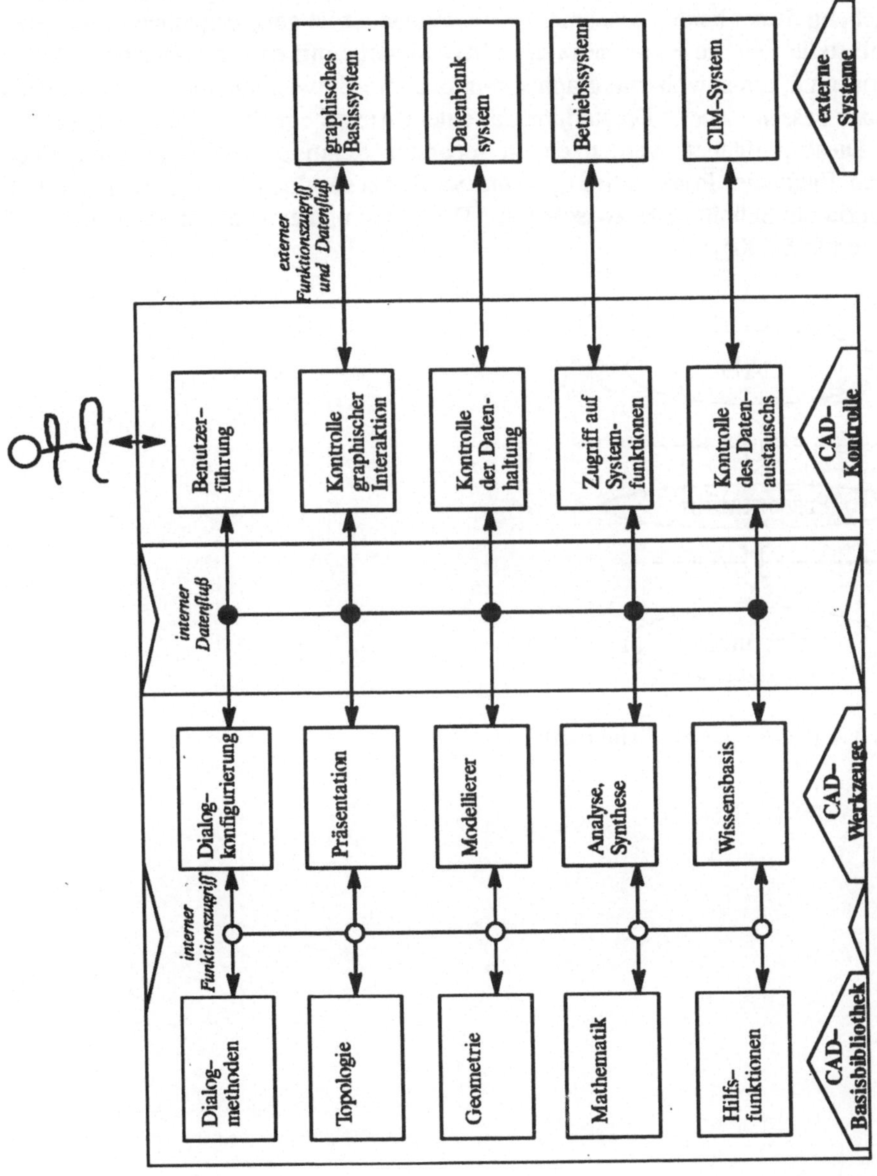

Abb. 3.2. Architektur des COSMOS-Referenzmodells

3.3 Vergleich im Hinblick auf die Präsentation

Als Zusammenfassung der Aussagen der Referenzmodelle ist festzustellen, daß graphische Systeme in CAD-Systemen als Teilsysteme eingebettet sind. Die Beziehung dieser beiden Systemarten untereinander ist gekennzeichnet durch eine Schnittstelle, die die Konsistenz des CAD-Modells mit dem graphischen Modell sichern muß, um sowohl die graphisch-interaktive Entwicklung des CAD-Modells als auch dessen visuelle Darstellung auf einem Ausgabegerät zu ermöglichen.

Diese Aufgaben werden einem separaten Schnittstellenmodul zugeordnet, das im folgenden Präsentation genannt wird. Diese globale Plazierung der Präsentation als Schnittstelle zwischen CAD und Computer-Graphik ist in Abb. 3.3 skizziert [KLE90c].

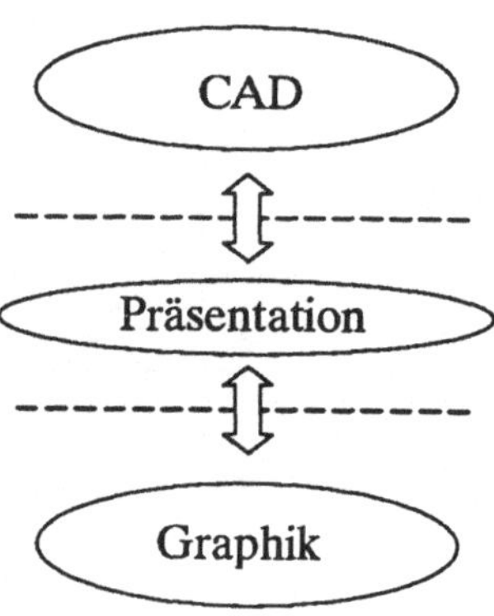

Abb. 3.3. Präsentation als Schnittstelle

4 Normen im Bereich der Computer-Graphik

Normen im Bereich der Computer-Graphik wurden zur Verwirklichung jeweils eines der drei folgenden Ziele entwickelt [HER88]:

- Portabilität von Programmen, die graphische Interaktionen beinhalten,
- Austausch von Bilddateien,
- Vereinheitlichung der Graphikgeräteschnittstelle.

Bisher wurden drei internationale Normen definiert, die als sogenannte funktionale Schnittstellen die Erreichung des ersten Zieles ermöglichen. Nach der chronologischen Reihenfolge ihrer Veröffentlichung geordnet, lauten die Kürzel dieser drei Normen:

- GKS,
- GKS-3D,
- PHIGS.

Eine internationale Norm erlaubt als sogenannte Kodierungsnorm den Austausch von graphischen Daten. Das Kürzel dieser Norm lautet: *CGM*.

Zum gegenwärtigen Zeitpunkt gibt es eine schon fast verabschiedete internationale Norm, die den Aufwand für die Erlangung der Geräteunabhängigkeit von Graphikprogrammen minimiert. Das ISO-Projekt mit Namen: *CGI (Computer Graphics Interface)*, hat ein aus sechs Teilen bestehendes Dokument erarbeitet, das mittlerweile den Status eines Draft-International-Standard ISO-DIS 9636 besitzt. Auf die intensive Auseinandersetzung mit den Ergebnissen dieser gerätenahen Normungsbestrebungen kann im Rahmen dieses Buches jedoch verzichtet werden.

Die soeben aufgeführten Normen können als Graphiknormen der ersten Generation verstanden werden. Gegenwärtig gibt es in der internationalen Normung Bestrebungen die enormen Fortschritte der letzten Jahre im Bereich der Computer-Graphik mit objektorientierten Methoden in eine Graphiknorm der zweiten Generation zu integrieren [RIX91]. Diese Aktivitäten sind im folgenden Projekt zusammengefaßt: *New API (New Application Programmer's Interface)*.

4.1 GKS

GKS ist das Kürzel für "Graphical Kernel System". GKS wurde als ISO-Norm IS 7942 bereits im Jahre 1985 verabschiedet. GKS befindet sich im Moment in einer Überprüfungsphase, dem sogenannten GKS-Review, der bei ISO-Normen üblicherweise spätestens fünf Jahre nach ihrer Fertigstellung einsetzt. Einige Vorschläge zur Änderung bzw. Erweiterung von GKS werden in diesem Zusammenhang überprüft [RIX88].

Wie der Name andeutet, stellt GKS ein Kernsystem von graphischen Funktionen dar. Die selbstgesteckten Ziele von GKS lauten:

- Bereitstellung eines graphischen Grundsystems für Anwendungen zur Erstellung von zweidimensionalen Bildern auf Ausgabegeräten für Liniengraphik und Rastergraphik,
- Unterstützung der Bedienereingabe und Interaktion durch die Bereitstellung von Grundfunktionen für graphische Eingabe und Bildsegmentierung,
- Ermöglichung der Speicherung und dynamischen Veränderung von Bildern.

Dazu definiert GKS zunächst ein globales Schichtenmodell, das die Beziehungen zwischen GKS auf der einen Seite sowie Betriebssystem, Anwendungsprogramm und Sprachschale auf der anderen Seite beschreibt. Desweiteren werden die Konzepte des abstrakten graphischen Arbeitsplatzes, der logischen graphischen Ein- und Ausgabe als Grundlage der geräteunabhängigen Spezifikation eingeführt.

Die GKS-Dokumentation spezifiziert anschließend die folgenden 10 Funktionsklassen:

- 12 Steuerungsfunktionen,
- 31 Ausgabeattribute,
- 13 Segmentfunktionen,
- 4 Bilddatei-Funktionen,
- 75 Erfragefunktionen,
- 2 Hilfsfunktionen,
- 3 Fehlerbehandlungen.

Mit Hilfe dieser Funktionsklassen werden demnach der Anwendung insgesamt 185 unterschiedliche logische Graphikfunktionen zur Verfügung gestellt.

Die Spezifikation einer GKS-Funktion besteht aus den folgenden Bausteinen:

- Schlüsselwort als Funktionsname,
- GKS-Zustand, in dem die Funktion verwendet werden kann,
- niedrigste GKS-Leistungsstufe, in der die Funktion explizit definiert und erforderlich ist,
- Liste von Parametern bestehend aus den folgenden Angaben je Parameter:

  * Kennzeichnung je Parameter, ob es sich um einen Eingabe- oder Ausgabeparameter handelt,
  * Parameternamen und Bedeutung in englischer Sprache,
  * für Koordinatenwerte das zu verwendende Koordinatensystem,
  * Wertebereich,
  * Datentyp,

- Beschreibung der Wirkung in englischer Sprache,
- Anmerkungen in englischer Sprache,
- Referenzangaben für den Leser, die auf ergänzende Informationen innerhalb der GKS-Spezifikation verweisen,
- Fehlermeldungen samt Beschreibungen in englischer Sprache.

Wegen der informellen, d.h. nicht streng formalisierten, sondern nur verbalen Art und Weise dieser Definition der Parameter und ihren Auswirkungen auf die jeweilige Funktion kann die Gesamtheit der Funktionen in der GKS-Spezifikation nicht automatisch auf Konsistenz geprüft werden. Insbesondere die Korrektheit des immanent zugrundeliegenden Graphikmodells, hinsichtlich der Hintereinanderausführung von mehreren Funktionsaufrufen, kann nur manuell gezeigt werden.

Die Verwendung dieser Funktionen in Anwendungsprogrammen erfordert deren Implementierung in einer Sprachschale. Dazu müssen sämtliche logische Funktionen und Parameter sowie die angegebenen Datentypen der Spezifikation auf geeignete Elemente einer bereits ebenfalls international genormten Ziel-Programmiersprache abgebildet werden. Diese Abbildung in die gewünschte Programmiersprache kann nicht automatisch erfolgen, da die Funktionsaufrufe und ihre Wirkungen in der Spezifikation nicht formal festgeschrieben sind.

Da nicht alle sinnvollen Graphikanwendungen den vollen Umfang der in der Spezifikation beschriebenen Funktionalität benötigen, ist in GKS ein verbindliches Leistungsstufenkonzept vorgesehen. Jede GKS-Implementierung muß zur Sicherung der Portabilität sämtliche Funktionen einer der neun definierten Leistungsstufen zur Verfügung stellen. Die Struktur der Leistungsstufen sieht zwei unabhängige Achsen, Eingabe- sowie Ausgabeachse, mit jeweils drei aufeinander aufbauenden Komplexitätsgraden vor.

GKS besitzt weiterhin Funktionen zur Erstellung von GKS-Bilddateien, die abgespeichert und später von GKS verwendenden Anwendungen wieder eingelesen werden können. Das Format der GKS-Bilddatei selbst ist nicht Bestandteil der Norm, war aber wichtiger Ausgangspunkt bei der Definition von CGM.

4.2 GKS-3D

GKS-3D ist das Kürzel für "Graphical Kernel System for Three Dimensions". GKS-3D wurde als ISO-Norm IS 8805 im Jahre 1987 verabschiedet.

Wie der Name andeutet, stellt GKS-3D ein Kernsystem von dreidimensionalen graphischen Funktionen in Erweiterung zu GKS dar. Die über GKS hinausgehenden Ziele der GKS-3D Entwicklung waren [GÖB89]:

- zusätzliche Funktionen nur zur Unterstützung der dritten Dimensionalität,
- präzise Einbettung der zweidimensionalen Funktionen von GKS in die dreidimensionale Umgebung,
- keine Änderungen der GKS-Funktionen und ihrer Parameter,
- Aufwärtskompatibilität der GKS-Anwendungsprogramme bis auf wenige Ausnahmen.

Die Methodologie der Spezifikation vom GKS-3D unterscheidet sich in keiner Weise von der GKS-Methodologie. Auch die Anzahl der Funktionsklassen ist identisch, lediglich die Menge der darin spezifizierten Funktionen selbst ist unterschiedlich.

Die GKS-3D-Dokumentation spezifiziert somit die folgenden 10 Funktionsklassen:

- 12 Kontrollfunktionen,
- 14 Ausgabefunktionen,
- 39 Ausgabeattribute,
- 16 Transformationsfunktionen,
- 15 Segmentfunktionen,
- 44 Eingabefunktionen,
- 4 Bilddatei-Funktionen,
- 113 Erfragefunktionen,
- 7 Hilfsfunktionen,
- 3 Fehlerbehandlungen.

Mit Hilfe dieser Funktionsklassen werden demnach der Anwendung insgesamt 267 unterschiedliche logische Graphikfunktionen zur Verfügung gestellt.

4.3 PHIGS und PHIGS-PLUS

PHIGS ist das Kürzel für "Programmer's Hierarchical Interactive Graphics System". PHIGS wurde als ISO/IEC-Norm IS 9592 im Jahre 1989 verabschiedet.

Wie der Name andeutet, stellt PHIGS ein System von graphischen Funktionen dar. Die selbstgesteckten Ziele von PHIGS lauten:

- Bereitstellung eines graphischen Systems für Anwendungsprogramme zur Erstellung von Bildern auf Ausgabegeräten für Liniengraphik und Rastergraphik,
- Unterstützung der Bedienereingabe und Interaktion durch die Bereitstellung von Grundfunktionen für graphischen Eingabe und hierarchische Bilddefinition,
- Bereitstellung der Bilddefinition in einem editierbaren zentralen Strukturspeicher.

Das globale Schichtenmodell sowie das Konzept der logischen graphischen Eingabe von PHIGS ist identisch zu GKS-3D definiert. Die Konzepte der logischen graphischen Ausgabe und des abstrakten graphischen Arbeitsplatzes in PHIGS werden jedoch zum Teil unterschiedlich zu GKS-3D festgelegt.

Zur Überbrückung der Differenzen in der graphischen Funktionalität, die aus den inkompatiblen Erweiterungen der obengenannten GKS-3D-Konzepte in PHIGS resultieren, wurde das PHI-GKS-System entwickelt [NOL87].

Die PHIGS-Dokumentation spezifiziert selbst ebenfalls 10 Klassen von Funktionen:

- 8 Steuerungsfunktionen,
- 16 Funktionen für Ausgabeprimitive,
- 50 Funktionen für Attributspezifikationen,
- 36 Transformations- und Klippingfunktionen,
- 39 Strukturfunktionen,
- 46 Eingabefunktionen,
- 4 Bilddatei-Funktionen,
- 115 Erfragefunktionen,
- 4 Fehlerkontrollen,
- 1 Fluchtfunktionen.

Mit Hilfe dieser Funktionsklassen werden demnach einem Anwendungsprogramm insgesamt 319 unterschiedliche logische Graphikfunktionen zur Verfügung gestellt.

Zu PHIGS ist im Augenblick eine Erweiterung als Teil Nr. 4 in Arbeit, das mit dem Kürzel PHIGS-PLUS für "Programmer's Hierarchical Interactive Graphics System – Plus Lumière und Surfaces" bezeichnet wird. PHIGS-PLUS besitzt in der internationalen Normung gegenwärtig den Stand eines Committee-Draftes ISO/IEC-CD 9592-4.

Wie der Name andeutet, stellt PHIGS-PLUS ergänzende Funktionalität zu PHIGS bereit, um die Grundanforderungen von Anwendungen in den folgenden Bereichen zu erfüllen:

- Beleuchtung,
- Schattierung,
- Kontrolle des Rendering von dreidimensionalen Objekten,

- fortgeschrittene Primitive,
- fortgeschrittene Techniken.

Die PHIGS-PLUS-Dokumentation spezifiziert zusätzlich insgesamt 101 Funktionen in den drei folgenden Klassen:

- 10 Funktionen für Ausgabeprimitive,
- 45 Funktionen für Attributspezifikationen,
- 46 Erfragefunktionen.

Die Spezifikation einer PHIGS-Funktion erfolgt analog zur der Spezifikation der GKS-3D-Funktionen mit den folgenden beiden Ausnahmen:

- Angabe des PHIGS-Zustandes, in der die Funktion verwendet kann, erfolgt hier durch ein Viertupel bestehend aus:
  * Systemzustand,
  * Arbeitsplatzzustand,
  * Strukturzustand,
  * Archivzustand,
- fehlender Leistungsstufenangabe in der die Funktion aufgerufen werden kann, da PHIGS das Konzept von Leistungsstufen nicht besitzt.

In PHIGS fehlt somit die Definition von verbindlichen Teilmengen für die Implementierung. Hingegen wird eine Mindestanforderung an PHIGS-Implementierungen gestellt, die die auf jeden Fall zu unterstützenden Fähigkeiten festlegt. Die Anmerkungen bezüglich informelle Art der Spezifikation und Notwendigkeit von Sprachschalen, wie sie bei der Untersuchung von GKS-3D bereits getroffen wurden, sind vollständig auf PHIGS bzw. PHIGS-PLUS übertragbar.

PHIGS besitzt ebenfalls Funktionen zur Erstellung von PHIGS-Bilddateien, die abgespeichert und später von PHIGS verwendenden Anwendungen wieder eingelesen werden können. Diese auch Archivierungsdatei genannte PHIGS-Bilddatei, die den Inhalt des zentralen Strukturspeichers erhält, unterscheidet sich jedoch von einer mit Hilfe von CGM beschriebenen Bilddatei.

4.4 CGM sowie Amendment 1, 2 und 3

CGM ist das Kürzel für "Computer Graphics Metafile". CGM wurde als ISO-Vierteilenorm IS 8632 im Jahre 1987 verabschiedet.

Wie der Name andeutet, stellt CGM ein Dateiformat zur Verfügung, das die Speicherung und Wiederfindung von Bildinformationen erlaubt. Die selbstgesteckten Ziele von CGM lauten:

- Speicherung von Bildinformationen in graphischen Softwaresystemen in einer geordneten Art und Weise,
- Austausch von Bildinformationen zwischen verschiedenen graphischen Softwaresystemen,

– Austausch von Bildinformationen zwischen graphischen Geräten,
– Austausch von Bildinformationen zwischen verschiedenen Computer-Graphik-Installationen.

Auffallend bei diesen Zielvorgaben ist die Dominanz des Austausches, der in allen Computer-Graphik-Umgebungen ermöglicht werden soll.

In der CGM-Dokumentation wird im Anhang global die Einbettung von CGM in verschieden konfigurierte Graphikumgebungen vorgestellt. Die Verwendbarkeit von CGM durch GKS zur Speicherung von statischen Bildinformationen wird als Ziel gewünscht und ist im Anhang ebenfalls erläutert.

Zur Erfassung der Bildinformationen selbst definiert der erste Teil der CGM-Dokumentation acht Klassen von Elementen. Diese lauten im einzelnen:

– 5 Trennelemente zur Strukturierung,
– 15 Bilddatei-Charakteristika,
– 7 Bild-Charakteristika,
– 6 Kontrollelemente,
– 19 graphische Primitive,
– 35 Attribute,
– 1 Fluchtelement,
– 2 externe Elemente.

Mit Hilfe dieser acht Klassen werden demnach einer graphischen Umgebung insgesamt 90 unterschiedliche Elemente zur Beschreibung einer Bilddatei zur Verfügung gestellt.

CGM Teil 1 ist um drei Zusätze, sogenannte Amendments, ergänzt worden. Amendment 1 ist als IS 8632 / IS Am.1 im November 1990 verabschiedet worden und beinhaltet Bildinformationen, die den Anforderungen zur Speicherung statischer Bilder und graphisch-interaktiver Sitzungen genügen sollen. Diese Erweiterung ist auch speziell für die Unterstützung der Speicherung von GKS-Bildern und GKS-Sitzungen gedacht.

Im Amendment 1 werden zu sechs der acht Klassen von CGM Teil 1 zusätzliche Elemente definiert:

– 4 Trennelemente zur Strukturierung,
– 3 Bilddatei-Charakteristika,
– 8 Bild-Charakteristika,
– 6 Kontrollelemente,
– 2 graphische Primitive,
– 1 Attribut.

Eine neunte Klasse wird im Amendment 1 hinzugefügt: 7 Segmentelemente. Damit ergänzt Amendment 1 die CGM-Spezifikation um 31 neue Elemente.

Amendment 2 besitzt seit Juni 1989 den Status eines Committee-Drafts IS 8632 / CD Am.2 und soll die Repräsentation von Bildinformationen im zwei- oder dreidimensionalen Raum ermöglichen. Insbesondere sieht diese Erweiterung den Gebrauch durch GKS-3D und PHIGS vor.

Im Amendment 2 werden zu sechs der neun Klassen von CGM Amendment 1 zusätzliche Elemente definiert:

- 1 Bilddatei-Charakteristik,
- 3 Bild-Charakteristika,
- 1 Kontrollelement,
- 1 graphisches Primitiv,
- 1 Attribut,
- 1 Segmentelement.

Damit ergänzt Amendment 2 die CGM-Spezifikation und Amendment 1 um 8 neue Elemente.

Amendment 3 ist im Januar 1991 als IS 8632 / IS Am.3 verabschiedet worden und soll die Anforderungen an den Bildaustausch bezüglich der beiden folgenden Bereiche effektiv unterstützen:

- Schriftsätze und Schriftsatzressourcen,
- genaue Farbräume und Farbspezifikationen.

Beabsichtigt ist ebenfalls die Berücksichtigung der Konzepte aus dem Bereich der Bürosysteme, insbesondere der ISO/IEC-Norm 8613 ODA-ODIF (Office Document Architecture – Open Document Interchange Format).

Im Amendment 3 werden zu sieben der neun Klassen von CGM Amendment 1 zusätzliche Elemente definiert:

- 6 Trennelemente zur Strukturierung,
- 6 Bilddatei-Charakteristika,
- 1 Bild-Charakteristik,
- 3 Kontrollelemente,
- 8 graphische Primitive,
- 19 Attribute,
- 1 Segmentelement.

Damit ergänzt Amendment 3 die CGM-Spezifikation und Amendment 1 um 44 neue Elemente.

Die Spezifikation eines CGM-Elementes besteht aus den folgenden Bausteinen:

- Schlüsselwort als Elementname,
- Liste von Parametern wobei jedem Parameter in Klammern der entsprechende Datentyp zugewiesen wird,
- Beschreibung in englischer Sprache,
- Referenzangaben für den Leser, die auf ergänzende Informationen innerhalb der CGM-Spezifikation verweisen.

Die informelle, d.h. nicht streng formalisierte, sondern nur verbale Art und Weise dieser Definition der Elemente und ihrer Parameter ist kein großer Nachteil, da die Elemente untereinander nicht verkettet sind.

In CGM gibt es keine verbindliche Definition eines Leistungsstufenkonzeptes oder einer Mindestanforderung an zu unterstützende Elemente. Lediglich CGM-Interpretern wird eine Minimalfähigkeit unverbindlich nahegelegt.

Teil 2, 3 und 4 der CGM-Norm beinhalten verschiedene Kodierungsmöglichkeiten, die beim Erstellen einer CGM-Austauschdatei verwendet werden können. Jede Kodierung beschreibt, wie die einzelnen Elementinstanzen gebildet werden müssen.

Das CGM-Dokument enthält eine kurze Abhandlung darüber, unter welchen Umständen von der Konformität der Implementierungen zur Norm gesprochen werden kann.

4.5 Vergleich im Hinblick auf die Präsentation

Eine tabellarische Zusammenfassung der wichtigsten globalen Eigenschaften der soeben beschriebenen Normen des Computer-Graphik-Bereichs findet sich in Abb. 4.1.

Präsentation hat die Aufgabe die CAD-Elemente mit den graphischen Elementen zu verbinden. Die Fähigkeiten auf beiden Seiten dieser Präsentationsschnittstelle bestimmen daher die Anforderungen an diese assoziativen Verbindungen im Detail. Die Fähigkeiten auf der graphischen Seite werden im wesentlichen geprägt von den Normen im Computer-Graphik-Bereich. Darum müssen die diesen Normen innewohnenden graphischen Modelle im Detail daraufhin untersucht werden, inwieweit sie die Abbildung der CAD-Elemente auf die graphischen Elemente unterstützen. Die folgenden Aspekte der oben beschriebenen Normen sind bei dieser Abbildungen von großer Bedeutung:

- Dimensionalität,
- Pipeline,
- Primitive sowie deren Attribute,
- Strukturen,
- Protokolle.

Die von der Präsentation geforderte Dimensionalität beträgt 3, da die Körpermodellierung den Stand der Technik im Bereich des CAD darstellt (siehe Kapitel 2). Jedoch sind viele CAD-Modelle anwendungsbedingt zweidimensional, wie z.B. CAD-Modelle zur Beschreibung des Entwurfs von elektrischen Schaltplänen. Daher muß die Präsentation auch den Fall der Dimensionalität 2 explizit unterstützen.

	GKS	GKS–3D	PHIGS	PHIGS–PLUS	CGM	Amendment 1	Amendment 2	Amendment 3
Norm	IS 7942	IS 8805	IS 9592	CD 9592–4	IS 8632	IS Am.1	CD Am.2	IS Am.3
seit	1985	1988	1989	1990	1887	1990	1989	1991
Elemente	185	267	319	+ 101	90	+ 31	+ + 8	+ + 44
Spezifika-tion	funktional	funktional	funktional	funktional	deskriptiv	deskriptiv	deskriptiv	deskriptiv
formal	nein	nein	nein	nein	nein	nein	nein	nein

Abb. 4.1. Tabelle der globalen Eigenschaften der Graphikmodelle

Unter dem Stichwort Pipeline müssen die vorhandenen Abbildungsmechanismen untersucht werden, die es ermöglichen, ein CAD-Modell bestimmter Dimensionalität mit einer zweidimensionalen Darstellungsfläche zu verbinden. Für CAD-Modelle mit Dimensionalität 2 kann dies durch das Fenster-Konzept in der Art von GKS oder CGM Amendment 1 und 3 geschehen. Dabei ist es notwendig ein Fenster im CAD-Raum mit einem Fenster im Graphik-Raum zu assoziieren, um dadurch die affine Transformation zwischen den beiden Räumen sowie bei Bedarf das Klipprechteck zu bestimmen. Falls ein CAD-Modell die Dimensionalität 3 besitzt, muß ein Kameramodell in der Art wie es in GKS-3D, PHIGS oder CGM Amendment 2 vorhanden ist, die Aufgabe des Bindegliedes zur Darstellungsfläche wahrnehmen. Dabei wird durch einen Projektionspunkt und einer Projektionsebene zunächst eine zentralperspektivische Transformation definiert, die durch eine dimensionsreduzierende Parallelprojektion und einen Fenster-Mechanismus zur Positionierung und Ausschnittsbildung zu dem Kameramodell komplettiert wird [KLE90d].

Zur realitätstreuen Darstellung von dreidimensionalen CAD-Gestaltsmodellen können das Beleuchtungs- sowie das Schattierungsmodell von PHIGS-PLUS als eine über das Kameramodell hinausgehende Fähigkeit eingesetzt werden. Das Beleuchtungsmodell bettet das CAD-Gestaltsmodell in eine Szene ein, indem im CAD-Raum verschiedene Arten von Lichtquellen, mit jeweils wohldefinierten Wirkungen definiert werden können. Mit Hilfe bestimmter Verfahren des Schattierungsmodells kann dadurch jedes dreidimensionale CAD-Gestaltsmodell mit einer realitätstreuen Darstellung assoziiert werden. Kalibrierte Farbmodelle gewährleisten dabei die Unabhängigkeit der Präsentation von dem tatsächlichen Ausgabegerät.

Viele Modellinformationen werden in CAD-Systemen mit Hilfe von nichtmetrischen Attributen beschrieben, wie z.B. Materialeigenschaften und Oberflächengüten. Entsprechend dem heutigen Stand der Technik werden diese CAD-Modellinformationen symbolisch dargestellt. Diese symbolische Präsentation muß durch zweidimensionale annotative Darstellungselemente erfolgen. Für den Spezialfall der Beschriftung bietet dabei CGM Amendment 3 durch sein erweitertes Textmodell die größte, wenn auch ebenfalls noch nicht ausreichende, Unterstützung von allen Normen des Computer-Graphik-Bereichs.

Die bildlichen Darstellungen selbst müssen aus den mit Attributen versehenen Primitiven der Graphikmodelle zusammengesetzt werden. Daher bestimmen diese Primitive wesentlich die Möglichkeiten der Darstellung sowie deren Manipulation. In allen Normen des Computer-Graphik-Bereichs umfassen die zur Verfügung gestellten Primitive das Textprimitiv sowie geometrische Primitive der Dimensionalität 0, 1 und 2.

Das Textprimitiv kann ausschließlich für symbolische Präsentationsformen verwendet werden. Weitere annotative Primitive, wie z.B. Symbole oder Tabellen, sind in keiner weiteren Norm explizit vorhanden.

Die geometrischen Primitive der Normen des Computer-Graphik-Bereichs hingegen, können sowohl für symbolische als auch für realitätstreue Präsentationsformen herangezogen werden. Wegen dieser doppelten Verwendbarkeit können diese geometrische Primitive der obigen Graphikmodelle jedoch keine Präsentationsform vollständig unterstützen. Daher tragen diese geometrischen Primitive keine Informationen darüber, ob sie mit einer realitätstreuen Darstellung eines CAD-Gestaltsmodells assoziiert sind oder ob sie aus einer symbolischen Präsentation einer bestimmten Eigenschaft des CAD-Modells resultieren. Z.B. muß die graphische Kurve sowohl für die Visualisierung einer dreidimensionalen Gestaltskante als auch für die Visualisierung einer zweidimensionalen Maßhilfslinie verwendet werden, obwohl diese zwei grundlegend verschiedene Sachverhalte des CAD-Modells darstellen, die mit Hilfe völlig unterschiedlicher Transformationen präsentiert werden müssen.

Im Graphikmodell von PHIGS-PLUS können den geometrischen Primitiven der Dimensionalität 0 und 1 noch zusätzlich Informationen über Farbwerte und Normalenvektoren an ausgewählten Stellen der Primitive selbst, sowie Sichtbarkeitsinformationen zugeordnet werden. Diese zusätzlichen Informationen können von den Schattierungsverfahren berücksichtigt werden, um die realitätstreue Darstellung des CAD-Gestaltsmodells zu verbessern. Die symbolische Darstellung von CAD-Modellinformationen hingegen wird durch diese Primitive nicht unterstützt.

Da die Primitive der CAD-Modelle im allgemeinen auf einer semantisch höheren Ebene angesiedelt sind als die Primitive der Graphik-Modelle (siehe auch Kapitel 1.1), müssen zur Präsentation der CAD-Primitive diese aus mehreren Graphik-Primitiven zusammengesetzt werden. Diese Zusammensetzung geschieht häufig auf approximative Art und Weise, wobei Ungenauigkeiten in der Darstellung durch Darstellungstoleranzen kontrolliert werden müssen. Der Segmentmechanismus in GKS und GKS-3D erlaubt im Gegensatz zum Bildmechanismus von CGM die Strukturierung der graphischen Primitive unabhängig von deren Bedeutung auf der Darstellungsfläche. Das azyklische Graphenkonzept von PHIGS und PHIGS-PLUS ermöglicht darüber hinausgehend eine hierarchische Zusammensetzung der graphischen Primitive, wie sie insbesondere im annotativen Bereich häufig anzutreffen ist. Symbole stellen z.B. annotative Primitive der CAD-Modelle dar, wobei Symbole generell aus mehreren Teilsymbolen zusammengesetzt sein können.

Viele CAD-Systeme konzentrieren sich auf einige, wenige Anwendungen und besitzen entsprechend ausgerichtete und spezialisierte interne CAD-Modelle. Deren Präsentation erfordert oftmals nur einen Teil der Fähigkeiten, die durch die innewohnenden Graphikmodelle der Normen des Computer-Graphik-Bereichs zur Verfügung gestellt werden. Als Beispiele seien an dieser Stelle linienorientierte Zeichnungssysteme genannt. Ein wohldefiniertes ausgewähltes Teilmengenkonzept könnte solche Spezialisierungen, von der Präsentationssicht her gesehen, sinnvoll unterstützen. GKS und GKS-3D besitzen mit den 9 Leistungsstufen die ausgeprägteste Teilmengenbildung von allen Normen des Computer-Graphik-Bereichs.

	GKS	GKS-3D	PHIGS	PHIGS-PLUS	CGM	Amendment 1	Amendment 2	Amendment 3
Dimension	2	3	3	3	2	2	3	2
Pipeline	Fenster-modell	Kamera-modell	Kamera-modell	+Beleuchtungsmodell +Schattierungsmodell	Klipping-modell	+Fenster-modell	++Kamera-modell	++ erweitertes Textmodell
Primitive + (Anzahl der Attribute)	-Polygon (5) -Polymarke (5) -Text (10) -Füllgebiet (7) -Zellmatrix (1) -VDE (> =1)	-Polygon (7) -Polymarke (7) -Text (12) -Füllgebiet (9) -Füllgebietsmenge (14) -Zellmatrix (3) -VDE (> =3)	-Polygon (8) -Polymarke (8) -Text (14) -Annotationtext (15) -Füllgebiet (11) -Füllgebietsmenge (16) -Zellmatrix (4) -VDE (> =4)	+Polygonmenge mit Daten (13) +Füllgebietsmenge mit Daten (39) +Dreiecksstreifen mit Daten (39) +Vierecksnetz mit Daten (39) +Menge von Füllgebietsmengen mit Daten (39) +B-Spline Kurven (14) +B-Spline Flächen (38) +Zellmatrix Plus (16)	-5 Arten von Kurven (4) -Polymarke (4) -3 Arten von Text (12) -8 Arten von Füllgebieten (13) -Zellmatrix (0) -VDE (> =0)	+ 2 Arten von Kurven (11)	+ + 1 Art von Text (4)	+ + 5 Arten von Kurven (32) + + 2 Arten von gerasterten Kacheln (9) + + 1 Symbolreferenz (12)
Strukturen	Segmente	Segmente	azyklische Graphen	-	Bilder	+ Segmente + Figuren	-	+ + Gebiete
Teilmenge	9 Leistungsstufen	9 Leistungsstufen	1 Mindestfähigkeit	-	1 vorgeschlagene Mindestfähigkeit für Interpreter	-	-	-

Abb. 4.2. Tabelle der Präsentationsaspekte in den Graphikmodellen

Eine tiefergehende Erläuterung der Konzepte zu realitätstreuen und symbolischen Präsentationsformen wird in Kapitel 7.1 gegeben. Die Diskussion der Präsentationsaspekte in den Graphikmodellen hätte ohne diesen Vorgriff nur unzureichend durchgeführt werden können.

Die oben erläuterten Aspekte werden in Abb. 4.2 tabellarisch miteinander verglichen. Diese stellen diejenigen logischen Größen dar, auf die sich die Präsentation bei der Zugrundelegung der jeweiligen Norm abstützen kann. Darüber hinausgehende Fähigkeiten müssen als separate Präsentationselemente spezifiziert werden. Dies setzt jedoch zunächst eine gründliche Untersuchung auch der Normen im CAD-Bereich voraus.

5 Normen im Bereich des CAD

Normen im Bereich des CAD wurden bisher nur zum Zwecke des Austausches von CAD-Modelldaten entwickelt. Dabei geht es darum, fertige oder halbfertige Modelle als die Ergebnisse der Arbeiten eines Senders in digitaler Form weiterzuleiten, damit diese, als die Grundlage für die notwendigen nachfolgenden Arbeitsschritte, einem Empfänger unmittelbar zur Verfügung gestellt werden können. Austauschbar sollen dabei sowohl Neuentwicklungen als auch vordefinierte Wiederholteile sein, die zunächst an Bibliotheken gesendet und dort solange "zwischengelagert" werden, bis ein empfangendes CAD-System sie einliest und in seinen Arbeiten weiterverwendet.

Ziel der Normungsaktivitäten ist es somit nicht, die Programmierung der einzelnen Modelliermethoden zu vereinheitlichen. Jedes CAD-System soll auch in Zukunft die durch *CSG (Constructive Solid Geometry), B-Rep (Boundary Representation), Topologie, Geometrie, Finite Element Technik* usw. gegebenen Möglichkeiten individuell, insbesondere unter Verwendung seiner eigenen Benutzungsoberfläche, nutzen. Lediglich die Ergebnisse der Modellierung sollen in einheitlichen, genormten Formaten ausgetauscht werden können.

Bisher wurden in mehreren Ländern nationale Normen definiert, die den Modelldatenaustausch auch zwischen heterogenen CAD-Systemen ermöglichen sollen. Dabei wurden Anforderungen von unterschiedliche Anwendergruppen berücksichtigt und verschiedene Vorgehensweisen und Methodologien gewählt. Nach der chronologischen Reihenfolge ihrer Veröffentlichung geordnet, lauten die Kürzel dieser unterschiedlichen nationalen Normen:

- IGES,
- VDAFS,
- SET,
- EDIF,
- VDAPS.

Zum gegenwärtigen Zeitpunkt gibt es noch keine internationale Norm für den Austausch von CAD-Modelldaten. Jedoch läuft in der ISO seit 1984 ein Projekt, das sich als Ziel die Entwicklung genau einer solchen Norm gesetzt hat. Das umgangssprachliche, inoffizielle Kürzel für diese zukünftige internationale Norm lautet: *STEP*.

Wichtig ist es zu erwähnen, daß im deutschen Sprachgebrauch eine "Norm" stets eine rechtsverbindliche, durch die nationalen Normungsinstitute der betroffenen Länder verabschiedete Vereinbarung darstellt. Mit einem "Standard" hingegen wird ein Übereinkommen bezeichnet, das von einem Industrieverband oder einer beliebigen Gruppe von Industriefirmen getroffen wurde. Ein Standard besitzt somit keine Rechtsverbindlichkeit. Die englische Sprache kennzeichnet diesen Unterschied lediglich adjektivisch, wobei in beiden Fällen das gleiche Substantiv "standard" verwendet wird.

5.1 IGES

IGES ist das Kürzel für "Initial Graphics Exchange Specification". Die Version 1.0 von IGES wurde von dem US-amerikanischen Institut NIST als ANSI-Norm Y14.26M bereits im Jahre 1981 verabschiedet. In den folgenden Jahren wurde diese ANSI-Norm ständig erweitert bzw. die in der praktischen Anwendung nicht erfolgreichen Definitionen eliminiert [MIT88]. Die neuste Version von IGES ist 5.0 und wurde im September 1990 als NISTIR 4412 veröffentlicht. Eine letzte Erweiterung von IGES, die zusätzlich Elemente zum Transfer von B-Rep-Gestaltsmodellen enthalten soll, ist als Version 6.0 vorgesehen. Danach soll die Entwicklung von IGES eingestellt werden.

Wie der Name schon vermuten läßt, war IGES ursprünglich für den Austausch von Graphiken, also einfachen, meist linienorientierten technischen Zeichnungen gedacht. Dies entsprach durchaus dem damaligen Stand der Technik, als CAD eine Möglichkeit zum computerunterstützten Erstellen von technischen Zeichnungen darstellte (Computer Aided Draughting). Mit der Zeit wurde die Zielsetzung verallgemeinert und zuletzt in Version 5.0 formuliert als:

- Bereitstellung von Informationsstrukturen, die zur digitalen Repräsentation und Kommunikation von produktdefinierenden Daten verwendet werden können,
- Ermöglichung des kompatiblen Austausches von produktdefinierenden Daten zwischen verschiedenen CAD/CAM-Systemen.

Auffallend ist in dieser Formulierung der Zielsetzung von IGES die zweimalige Verwendung des Begriffes: *produktdefinierende Daten.*

Diese Wortwahl deutet die Zugrundelegung eines globalen Produktmodellkonzeptes an, das möglicherweise bei der Definition der einzelnen IGES-Elemente berücksichtigt wurde. Bei genauem Studium der Spezifikation stellt sich jedoch heraus, daß IGES kein explizites Wissen über das -oder über ein- Produktmodell besitzt. Vielmehr soll durch den Gebrauch des obigen Begriffes lediglich das implizite Wissen über das Eingebettet-Sein des CAD/CAM-Modelldatenaustausches in eine umfassende CIM-Umgebung zum Ausdruck gebracht werden. Dies entspricht exakt dem heutigen Stand der Technik, wo das Zusammenfügen der unterschiedlichen, in ihrer Anzahl rasant anwachsenden CA-Techniken ebenfalls die größte, noch ungelöste Schwierigkeit darstellt.

Anstatt eines globalen Produktmodells findet sich in der IGES-Dokumentation der Version 5.0 eine Liste von sechs unterschiedlichen, nicht näher beschriebenen prinzipiellen Kategorien zur Definition von physikalischen, herstellbaren Produkten:

- Administration:
  * Produktidentifikation,
  * Produktstruktur,
- Entwurf und Analyse:
  * idealisierte Modelle,
- Basisgestalt:
  * Geometrie,
  * Topologie,
- ergänzende physikalische Charakteristika:
  * Bemaßungen und Toleranzen,
  * innere Eigenschaften,
- Prozeßinformationen,
- Präsentationsinformationen.

Diese recht unstrukturierte Liste entspringt einer Verallgemeinerung der in der IGES-Spezifikation enthaltenen vier unterschiedlichen Klassen von austauschbaren Entities, die lauten:

- Strukturentities:
  * 28 Elemente zur Administration,
- Entities für Kurven- und Flächengeometrien:
  * 22 Elemente zur Beschreibung der Basisgestalt,
- CSG-Entities:
  * 13 Elemente zur Beschreibung des Entwurfes,
- Annotationsentities:
  * 15 Elemente zur Beschreibung von ergänzenden physikalischen Charakteristika.

Diese Herleitung der obigen sechs Produktdefinitionskategorien zeigt ebenfalls deutlich den von unten nach oben (bottom-up) beschrittenen Weg des IGES-Projektes, der stets zu Erweiterungen und Ergänzungen der Ziele und des Umfanges der Norm führte. Auffällig ist, daß den beiden letzten Produktdefinitionskategorien, Prozeß- und Präsentationsinformationen, in der IGES-Spezifikation selbst keine Entity-Klassen zugeordnet worden sind. Insbesondere die Präsentationselemente sind über mehrere Klassen verstreut, wobei hauptsächlich die Darstellungsattribute durch einen zusätzlichen separaten Mechanismus gesteuert werden.

Mit Hilfe der obigen vier Entity-Klassen können demnach insgesamt Instanzen von 77 unterscheidbaren Entity-Typen ausgetauscht werden. (Ein Entity-Typ besteht aus zwei Teildefinitionen, die zwei unterschiedlichen Klassen zugeordnet werden; daher ist die Summe der obigen Anzahlen um eins höher.) Jeder Entity-Typ beschreibt ein abstraktes Informationselement, dem zur Realisierung des Modelldatenaustausches zu Instanziierungszeit konkrete Werte als Daten, entsprechend der in der Spezifikation vordefinierten Struktur, zugewiesen werden müssen.

Die Spezifikation eines IGES-Entity-Typen besteht aus den folgenden Bausteinen (siehe Abb. 5.1.1 und Abb. 5.1.2):

- beschreibender Text in englischer Sprache zur Erläuterung des Informationselementes,
- Definition der Attribute im dazugehörigen Directory-Entry-Dateiabschnitt,
- Definition der Attribute im dazugehörigen Parameter-Data-Dateiabschnitt,
- eventuell einer Graphik zur Veranschaulichung des Informationselementes.

Der erste sowie der letzte Baustein in solch einer Spezifikation besitzen einen erklärenden, informativen Charakter, um das korrekte Verständnis über Ziel und Aufbau des betreffenden IGES-Entity-Typen beim menschlichen Leser herzustellen. Die für die Erzeugung einer IGES-Datei notwendigen beiden mittleren Bausteine der Spezifikation beinhalten die informellen Attributdefinitionen der Directory-Entry- und Parameter-Data-Dateiabschnitte, die jeweils einmal für jede einzelne Instanz des Entity-Typen erzeugt werden müssen.

Wegen der informellen, d.h. nicht streng formalisierten, sondern nur verbalen Art und Weise dieser Attributdefinitionen kann die Gesamtheit der Entity-Typen in der IGES-Spezifikation nicht automatisch auf Konsistenz hinsichtlich der logischen Verkettung der einzelnen Informationselemente geprüft werden.

Zusätzlich sind durch diese Vorgehensweise bei der Spezifikation der Entity-Typen die einzelnen Attribute für jedes Informationselement direkt an den sequentiellen Aufbau des stark verzeigerten Dateiformats gebunden. Die fünf Abschnitte einer IGES-Austauschdatei lauten in der Reihenfolge ihres Erscheinens:

- Start-Dateiabschnitt,
- Global-Dateiabschnitt,
- Directory-Entry-Dateiabschnitt,
- Parameter-Data-Dateiabschnitt,
- Terminate-Dateiabschnitt.

Auf die Inhalte der bisher unerwähnten Dateiabschnitte wird auch im folgenden nicht eingegangen. Der interessierte Leser möge dazu direkt die IGES-Spezifikation bemühen.

4.3 Circular Arc Entity (Type 100)

A circular arc is a connected portion of a parent circle which consists of more than one point. The definition space coordinate system is always chosen so that the circular arc lies in a plane either coincident with or parallel to the XT, YT plane.

A circular arc determines unique arc end points and an arc center point (the center of the parent circle). By considering the arc end points to be enumerated and listed in an ordered manner, start point first, followed by terminate point, a direction with respect to definition space can be associated with the arc. The ordering of the end points corresponds to the ordering necessary for the arc to be traced out in a counterclockwise manner. This convention serves to distinguish the desired circular arc from its complementary arc (complementary with respect to the parent circle). Refer to Section 3.2.4 for information relating to use of the term counterclockwise.

The direction of the arc with respect to model space is determined by the original counterclockwise direction of the arc within definition space, in conjunction with the action of the transformation matrix on the arc.

In the event that a parameterization is required but not given, the default parameterization is:

$$C(t) = (X_1 + R * \cos t, Y_1 + R * \sin t, ZT)$$
$$\text{for } t_2 \leq t \leq t_3$$

where, for $i = 2$ and 3,

(i) $R = \sqrt{(X_i - X_1)^2 + (Y_i - Y_1)^2}$

(ii) t_i is such that $(R * \cos t_i, R * \sin t_i) = (X_i - X_1, Y_i - Y_1)$

and

$$0 \leq t_2 < 2 * \pi$$
$$0 \leq t_3 - t_2 \leq 2 * \pi$$

Examples of the Circular Arc Entity are shown in Figure 14. In Example 2 of Figure 14, the solid arc is defined using point A as the start point and point B as the terminate point. If the complementary dashed arc were desired, the start point listed in the parameter data entry would be B, and the terminate point would be A.

Abb. 5.1.1. Beispiel einer Entity-Typ-Spezifikation in IGES (Teil 1)

Als Letztes sei an dieser Stelle erwähnt, daß eine IGES-Austauschdatei eine zeilenorientierte Sequenz von Zeichen ist, wobei die Bedeutung eines Zeichens oder einer Zeichenfolge innerhalb einer genau 80 Zeichen langen Zeile als Ausprägung eines Attributes in vielen Fällen positionsgebunden ist. Durch die ASCII-Kodierung der Zeichen selbst ist die Datei insbesondere als Klartext lesbar. Desweiteren kann aus diesem soeben beschriebenen ASCII-Dateiformat auch ein komprimiertes, ebenfalls als Klartext lesbares ASCII-Dateiformat, das wieder rücktransformierbar ist, gewonnen werden. Dieses eliminiert unter anderem die häufig vorkommenden Leerzeichen innerhalb einer Zeile. Weiterhin gab und gibt es ein binär-kodiertes, somit unlesbares, Format der Austauschdatei, das aber in Version 5.0 zu einem lediglich nicht empfohlenen Anhang zurückgestuft wurde.

4.3 CIRCULAR ARC ENTITY (TYPE 100)

Directory Entry

(1) Entity Type Number	(2) Parameter Data	(3) Structure	(4) Line Font Pattern	(5) Level	(6) View	(7) Xformation Matrix	(8) Label Display	(9) Status Number	(10) Sequence Number
100	⇒	< n.a. >	#, ⇒	#, ⇒	0, ⇒	0, ⇒	0, ⇒	??????**	D #
(11) Entity Type Number	**(12) Line Weight**	**(13) Color Number**	**(14) Parameter Line Count**	**(15) Form Number**	**(16) Reserved**	**(17) Reserved**	**(18) Entity Label**	**(19) Entity Subscript**	**(20) Sequence Number**
100	#	#, ⇒	#	0				#	D # + 1

Parameter Data

Index	Name	Type	Description
1	ZT	Real	Parallel ZT displacement of arc from XT, YT plane
2	X1	Real	Arc center abscissa
3	Y1	Real	Arc center ordinate
4	X2	Real	Start point abscissa
5	Y2	Real	Start point ordinate
6	X3	Real	Terminate point abscissa
7	Y3	Real	Terminate point ordinate

Additional pointers as required (see Section 2.2.4.4.2).

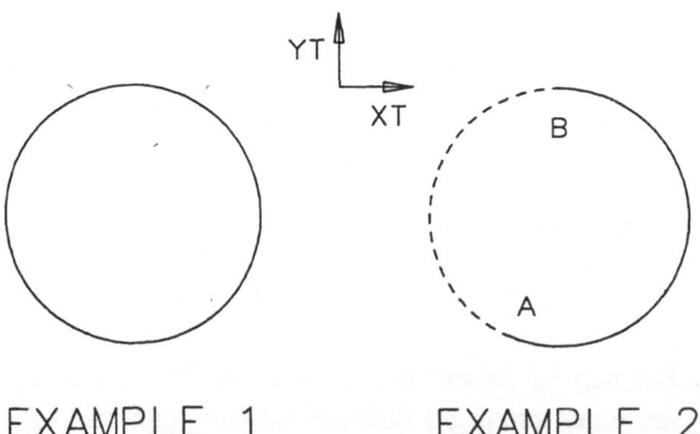

Abb. 5.1.2. Beispiel einer Entity-Typ-Spezifikation in IGES (Teil 2)

In der industriellen Nutzung der IGES-Spezifikation erwiesen sich die fehlenden Implementierungsvorschriften als weitere Schwachstelle. Den von den unterschiedlichen Firmen für unterschiedliche CAD-Systeme entwickelten Prä- und Postprozessoren ist es durch die Norm zunächst freigestellt, welche der spezifizierten Informationselemente von den Prozessoren erzeugt bzw. gelesen werden können. Dadurch reduziert sich die Anzahl der austauschbaren Entities auf die Kardinalität der Schnittmenge der sowohl vom Post- als auch vom Präprozessor verarbeitbaren Informationselemente. Damit muß jede betroffene Seite des Austausches neben den eigenen Prozessorunzulänglichkeiten zusätzlich noch den nicht absehbaren und auch nicht beeinflussbaren Verlust durch den jeweils anderen beteiligten Prozessor in Kauf nehmen.

Um diesem Informationsverlust vorzubeugen, entwickelte in Deutschland der VDA ein Leistungsstufenkonzept für die IGES Version 3.0, das unter dem Kürzel VDAIS im September 1987 als VDMA/VDA 66319 Standard veröffentlicht wurde. VDAIS steht für die Langform: "Verband der Automobilindustrie – IGES Subset". Vereinbart werden in diesem Dokument:

- die grundlegende Anforderung an die Prozessoren, daß sie jedes Element in Abhängigkeit der Austauschrichtung auf das höchstwertige IGES- bzw. CAD-systeminterne Entity abbilden müssen,
- eine Menge von strukturierten Untermengen mit den jeweils enthaltenen IGES-Entity-Typen und möglichen zusätzlichen Einschränkungen,
- Konvertierungsvorschriften für die nicht in der VDAIS-Spezifikation enthaltenen IGES-Entity-Typen,
- allgemeine Implementierungsvorschriften.

Zur weiteren Sicherheit für den CAD-Anwender, der beim Modelldatenaustausch mit Hilfe von IGES im allgemeinen auf die käuflichen Prozessoren der CAD-Systemhersteller angewiesen ist, wurde in Deutschland offiziell das CAD/CAM-Labor des Kernforschungszentrums Karlsruhe (KfK) mit der Validierung und Zertifizierung der Prozessoren beauftragt. Dabei wird anhand ausgewählter Testkriterien und unter Verwendung implementierter Testprozeduren die Konformität eines Prozessors zu VDAIS geprüft. Dadurch ist nach erfolgter Zertifizierung sichergestellt, daß der Prozessor sämtliche in der entsprechenden Leistungsstufe enthaltenen Entity-Typen korrekt erzeugen bzw. lesen kann.

5.2 VDAFS

VDAFS ist das Kürzel für "Verband der Automobilindustrie – Flächenschnittstelle". Die Version 1.0 von VDAFS wurde zunächst als VDA-Richtlinie und später im Jahre 1985 als deutsche DIN-Norm 66301 verabschiedet. In den folgenden beiden Jahren wurde diese DIN-Norm weiterentwickelt. Die Version 2.0 von VDAFS wurde im Januar 1987 VDA-Arbeitskreis CAD/CAM veröffentlicht. Weitere Erweiterungen zu VDAFS wird es nicht mehr geben, da die Arbeiten dazu eingestellt worden sind bzw. so weit wie möglich in die Aktivitäten zu STEP übertragen worden sind.

VDAFS ist auf die Bedürfnisse der Automobil-, Zuliefer- und Werkzeugfirmen ausgerichtet. Die Zielsetzung des VDAFS-Projektes war von Anfang an eng gesteckt und wurde folgendermaßen formuliert: *Definition einer vereinheitlichten Schnittstelle für den Austausch von Oberflächendaten.*

Folgende Sachverhalte fallen in dieser Formulierung der Zielsetzung sofort auf:

- bewußte Beschränkung auf die Übertragung von geometrischen Elementen,
- die Visualisierung der Modelldaten wird nicht definiert und kann lediglich durch zusätzlich zur Austauschdatei beigefügte Skizzen oder Plotterzeichnungen erfolgen,
- die Vermeidung der Begriffe Modell und Produkt.

Die Dokumentation enthält keine weiteren einleitenden Erläuterungen über die Art und Form der vorgesehenen Oberflächenelemente, die mit Hilfe von VDAFS als CAD/CAM-Modelldaten ausgetauscht werden können. Desweiteren wird auch kein globales Referenzmodell entwickelt, in das das VDAFS-Austauschformat im speziellen und Oberflächengeometrien im allgemeinen eingebettet sind.

Zur Erreichung dieses punktuellen Zieles werden in der VDAFS-Spezifikation der Version 2.0 zwei Klassen von Elementen definiert:

- 9 geometrische Elemente,
- 7 nicht-geometrische Elemente.

Die Klasse der nicht-geometrischen Elemente beinhaltet:

- grundlegende Elemente: erleichtern die flexible Definition der geometrischen Elemente,
- Strukturierungselemente: besitzen außer einer Partitionierung der auszutauschenden Informationen keine semantische Bedeutung,
- organisatorische Elemente: ermöglichen bzw. erleichtern das Lesen einer VDAFS-Datei.

Mit Hilfe der beiden obigen Elementklassen können somit insgesamt Instanzen von 16 Elementen ausgetauscht werden. Jede Elementdefinition beschreibt ein abstraktes Informationselement, dem zur Realisierung des Modelldatenaustausches zu Instanziierungszeit konkrete Werte als Daten entsprechend der in der Spezifikation vordefinierten Syntax zugewiesen werden müssen.

Die Spezifikation eines VDAFS-Informationselementes besteht aus den folgenden Bestandteilen (siehe Abb. 5.2):

- Syntaxbeschreibung, die die Instanziierungsreihenfolge der folgenden Grössen in der Austauschdatei festlegt:

3.8 Kreis(bogen)

Syntax:	name = CIRCLE / x,y,z,r,vx,vy,vz,wx,wy,wz,α,β

Parameter: x,y,z,r,vx,vy,vz,wx,wy,wz,α,β: real

x,y,z	Koordinaten des Mittelpunktes
r	Radius
vx,vy,vz,wx,wy,wz	Komponenten orthonormierter Vektoren zur Definition der Kreisebene (vgl. Anmerkungen)
α, β	Anfangs- bzw. Endwinkel in Grad (vgl. Anmerkungen)

Gültiges Beispiel: C1 = CIRCLE/ 1.0, 1.0, 1.414213, 1.0, −0.5, −0.5, 0.707107, 0.707107, −0.707107, 0.0, 30.0, 138.0

Bild 1.

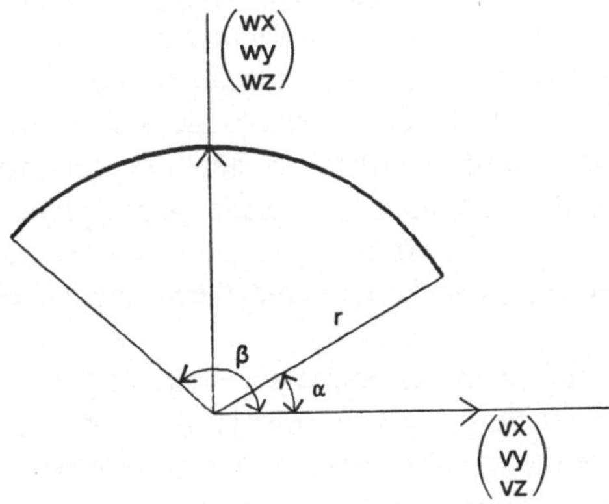

Ungültig:

C2 = CIRCLE/ 1.0, 1.0, 1.414213, 1.1, −1.0, −1.0, 1.44231, 1.0, −1.0, 0.0, 0.0, 360.0
die beiden Vektoren, die die Kreisebene definieren, sind nicht normiert

C3 = CIRCLE/ 1.0, 1.0, 1.414213, 1.1, −0.5, −0.5, 0.707107, 0.5, 0.5, −0.707107, 0.0, 360.0
die beiden Vektoren, die die Kreisebene definieren, sind nicht orthogonal

C4 = CIRCLE/ 1.0, 1.0 ,1.414213, 1.6, −0.5, −0.5, .707107, 0.707107, −0.707107, 0.0, 345.0, −15.0
Anfangswinkel größer als Endwinkel

Anmerkungen: Die Punkte des Kreisbogens werden wie folgt berechnet:

$$x(\Phi) = x + r \cdot vx \cdot \cos\Phi + r \cdot wx \cdot \sin\Phi$$
$$y(\Phi) = y + r \cdot vy \cdot \cos\Phi + r \cdot wy \cdot \sin\Phi$$
$$z(\Phi) = z + r \cdot vz \cdot \cos\Phi + r \cdot wz \cdot \sin\Phi$$
$$\alpha \leqq \Phi \leqq \beta$$

Der Vollkreis ist definiert durch $\beta - \alpha = 360°$. Der Anfangspunkt des Kreisbogens ist durch $\Phi = \alpha$, der Endpunkt durch $\Phi = \beta$ definiert. Für α, β gilt weiter: $-360° < \alpha < \beta \leqq 360°$ und $\beta - \alpha \leqq 360°$.

Abb. 5.2. Beispiel einer Element-Spezifikation in VDAFS

* eindeutiger individueller Instanzennamen,
* Schlüsselwort des Elementtypen,
* Liste der Parameter,

- Zuordnung eines Datentypen für jeden einzelnen Parameter, der bei der Instanziierung eingehalten werden muß,
- textuelle Definition in deutscher Sprache für jeden einzelnen Parameter,
- ergänzende Graphik bei Bedarf zur Veranschaulichung einiger Parameter,
- ein oder mehrere gültige Instanziierungsbeispiele,
- ein oder mehrere ungültige Instanziierungsbeispiele,
- Anmerkung in deutscher Sprache zur Erläuterung der Verwendbarkeit sowie des genauen Verhaltens.

Wegen der informellen, d.h. nicht streng formalisierten, sondern nur verbalen Art und Weise der Definition der Semantik dieser Elemente sowie der auf diesen wirkenden Restriktionen kann die Gesamtheit der Informationselemente in der VDAFS-Spezifikation nicht automatisch auf Konsistenz hinsichtlich ihrer logischen Verkettung geprüft werden. Wegen der geringen Anzahl der VDAFS-Elemente können die einzelnen Referenzierungen jedoch manuell nachvollzogen und überprüft werden. Weiterhin bindet die syntaktische Vorgehensweise bei der Spezifikation der Informationselemente diese eng an das Format der VDAFS-Austauschdatei.

Als letztes sei an dieser Stelle erwähnt, daß eine VDAFS-Austauschdatei eine zeilenorientierte Sequenz von Zeichen ist, wobei in den letzten acht Positionen der 80 Zeichen langen Zeile rechtsbündig eine positive Folgenummer stehen muß. Diese müssen innerhalb der Austauschdatei selbst streng monoton steigend gewählt werden. Durch die ASCII-Kodierung der Zeichen ist eine VDAFS-Austauschdatei insbesondere als Klartext lesbar.

Zur weiteren Sicherheit für den CAD-Anwender, der beim Modelldatenaustausch mit Hilfe von VDAFS im allgemeinen auf die käuflichen Prozessoren der CAD-Systemhersteller angewiesen ist, wurde in Deutschland offiziell das CAD/CAM-Labor des Kernforschungszentrums Karlsruhe (KfK) mit der Validierung und Zertifizierung der Prozessoren beauftragt. Dabei wird anhand ausgewählter Testkriterien und unter Verwendung implementierter Testprozeduren die Konformität eines Prozessors zu VDAFS geprüft. Dadurch ist nach erfolgter Zertifizierung sichergestellt, daß der Prozessor sämtliche Elemente der VDAFS-Spezifikation korrekt erzeugen bzw. lesen kann.

5.3 SET

SET ist das Kürzel für "Standard d'Echange et de Transfert". Die erste Version von SET wurde als französische AFNOR-Norm Z68-300 im Jahre 1985 verabschiedet. In den folgenden Jahren wurde an dieser AFNOR-Norm ständig weitergearbeitet. Die neueste Version von SET wurde im Juni 1989 als ein aus 11 Teilen bestehendes Dokument veröffentlicht. Erweiterungen von SET sind in der näheren Zukunft noch zu erwarten. Die Entwicklung von SET soll jedoch spätestens zu dem Zeitpunkt eingestellt werden, an dem zertifizierte STEP-Prozessoren zur Verfügung stehen.

SET wurde unter der Federführung der Firma Aérospatiale entwickelt und wurde und wird auch heute noch hauptsächlich in dem europäischen Produktionsverbund des AIRBUS eingesetzt. Die Zielsetzung des SET-Projektes war von Anfang an recht allgemein und weitreichend. Die beiden folgenden Ziele wurden formuliert:

- Ermöglichung des Datenaustauschs zwischen unterschiedlichen CAD/CAM-Systemen, wobei ein 100%iger Austausch der Informationen aufgrund der systemspezifischen Charakteristika im allgemeinen unmöglich ist,
- Ermöglichung der Datenarchivierung in einer Datenbank, wobei eine 100%ige mittel- oder langfristige Speicherung der Informationen obligatorisch ist.

Diese Ziele sollen realisiert werden durch:

- eine neutrale und dadurch systemunabhängige, SET genannte Sprache,
- die Entwicklung von Software-Modulen (Prozessoren), die die Schnittstellen zwischen dem Datenbestand eines CAD/CAM-Systems und der neutralen SET-Sprache bilden.

Folgende Sachverhalte fallen in dieser Formulierung der Zielsetzung sofort auf:

- der Begriff "Austausch" wird verwendet, wenn die beteiligten CAD/CAM-Systeme jeweils eine eigene, separate Datenhaltung besitzen,
- der Begriff "Archivierung" wird verwendet, wenn die beteiligten CAD/CAM-Systeme stets auf eine zentrale Datenbank zugreifen,
- SET wird als Kommunikationssprache interpretiert,
- die Begriffe Modell und Produkt werden vermieden.

Der Begriff Kommunikationssprache wird im SET-Dokument lediglich in den einleitenden Kapiteln benutzt und erweckt den Eindruck, daß die SET-Norm dem Anwender semantisch hochwertige Konstrukte und Regeln zur Verfügung stellt, mit denen eine Austauschdatei auf einfache Weise beschrieben bzw. erzeugt werden kann. Bei genauem Studium der Spezifikation erweist sich dies jedoch als nur bedingt richtig, da die Syntax der Austauschdatei für Menschen nur schwer verständlich ist und leider nicht automatisch aus den logischen Konstrukten abgeleitet werden kann.

Sogar die SET-Spezifikation des Jahres 1989 vermeidet streng die Begriffe Modell und Produkt und spricht statt dessen stets von auszutauschenden Daten zwischen CAD/CAM-Systemen. Über die gegenwärtigen Fähigkeiten und zukünftigen Entwicklungsmöglichkeiten von CAD/CAM-Systemen wird nichts ausgesagt. Dies zeigt deutlich, daß der Umfang der Spezifikation im Laufe des

SET-Projektes gewachsen ist und dabei die Definition eines globalen Referenzmodells vernachlässigt wurde. In fünf Teildokumenten werden hingegen fünf sogenannte Anwendungen beschrieben und dadurch die SET-spezifische Sicht auf das Gebiet des CAD/CAM-Modelldatenaustausches vorgestellt. Folgende fünf Anwendungen sind in SET vorgesehen:

- technische Zeichnungen und graphische Repräsentationen,
- Geometrie,
- Finite Element Spezifikationen,
- Spezifikationen von wissenschaftlichen Daten,
- Verbindungsanwendungen.

Zur Definition dieser Anwendungen werden neun unterschiedliche Klassen von austauschbaren Informationselementen spezifiziert. Die Anwendungen wählen anschliessend diejenigen Informationselemente aus diesen Klassen aus, die sie zur Realisierung ihrer Anforderungen benötigen. Die neun Klassen von austauschbaren Informationselementen lauten:

- geometrische Primitive:
  * 23 Blöcke,
  * 27 Teilblöcke,
- zusammengesetzte geometrische Elemente:
  * 13 Blöcke,
  * 22 Teilblöcke,
- graphische Repräsentationen:
  * 7 Blöcke,
  * 14 Teilblöcke,
- generelle Elemente:
  * 14 Blöcke,
  * 44 Teilblöcke,
- Zeichnungsanwendungen:
  * 11 Blöcke,
  * 9 Teilblöcke,
- Strukturbeziehungen zur Beschreibung von Relationen:
  * 6 Blöcke,
  * 18 Teilblöcke,
- Verbindungsanwendungen:
  * 3 Blöcke,
  * 2 Teilblöcke,
- Finite Elemente:
  * 10 Blöcke,
  * 44 Teilblöcke,

– organisatorische Elemente der SET-Austauschdatei:
  * 6 Blöcke,
  * 9 Teilblöcke.

Desweiteren wird in der SET-Spezifikation eine Bibliothek vordefiniert, dessen Inhalte, sogenannte Parameter, nicht mit den Blöcken und Teilblöcken zusammen ausgetauscht werden, sondern diesen lediglich als modale Attribute zugewiesen werden können. Die Parameter der Bibliothek verhalten sich deswegen wie modale Attribute, weil ihre Werte innerhalb der Austauschdatei beliebig oft neu gesetzt werden können. Die modalen Parameter der Bibliothek sind in die folgenden fünf Kategorien geordnet:

– 30 generelle Parameter,
– 17 graphische Repräsentationsparameter,
– 14 Parameter zur Textdefinition,
– 5 Parameter zur Definition von graphischen Symbolen,
– 1 Parameter für Finite Elemente.

In SET ist die Möglichkeit zur Sammlung von bestimmten Parametern in sogenannten Tabellen vorgesehen. Dabei stellt die SET-Spezifikation sechs Standardtabellen zur Verfügung, die lediglich zur Konstruktion von Anwendertabellen verwendet werden können. Diese sechs Standardtabellen lauten:

– System von grundlegenden Einheiten:
  * 12 Einträge,

– internationale Tabelle von Maßen und Einheiten nach ISO 31:
  * insgesamt über 500 Einträge in 13 Teiltabellen,

– Materialcharakteristika:
  * 12 Einträge,

– Spannungen:
  * 10 Einträge,
– geometrische Charakteristika in Verbindung mit Finiten Elementen:
  * 19 Einträge,

– Typen von Freiheitsgraden:
  * 10 Einträge.

Mit Hilfe der in der SET-Spezifikation enthaltenen Informationselemente können demnach insgesamt:

– Instanzen von 93 Blockdefinitionen ausgetauscht,
– Instanzen von 190 Teilblockdefinitionen ausgetauscht,
– 67 modale Parameter in der Bibliothek referenziert,
– über 550 Einträge in Standardtabellen referenziert

werden. Festzuhalten ist dabei der wichtige Sachverhalt, daß die Definition der logischen Informationselemente vermischt ist mit der Definition von Konstrukten, die lediglich für die Strukturierung der SET-Austauschdatei benötigt werden und damit außer der Partitionierung der Information keine semantische Bedeutung besitzen.

Die Spezifikation eines SET-Block-Informationselementes erfolgt in einer Tabelle, die aus den folgenden Bestandteilen besteht (siehe Abb. 5.3 in englischer Übersetzung):

- eindeutige Blocknummer,
- eindeutiger Blockname,
- Definition in französischer Sprache,
- Liste von enthaltenen Teilblöcken,
- Beschreibung für jeden enthaltenen Teilblock in französischer Sprache,
- Indikator für jeden enthaltenen Teilblock über die Art der Verwendung,
- Bibliotheksparameter, deren Interpretation für das Verständnis des Blockes notwendig ist,
- erläuternde Bemerkungen in französischer Sprache,
- Referenzangaben für den Leser, die auf ergänzende Informationen innerhalb der SET-Spezifikation verweisen.

Die Spezifikation eines SET-Teilblock-Informationselementes ist ähnlich aufgebaut und besteht aus den folgenden Bestandteilen (siehe Abb. 5.4 in englischer Übersetzung):

- eindeutige Teilblocknummer,
- eindeutiger Teilblockname,
- syntaktische Beschreibung der enthaltenen Felder,
- Beschreibung für jedes enthaltene Feld in französischer Sprache möglicherweise zusammen mit einer ergänzenden Graphik,
- Zuordnung eines Datentypes für jedes enthaltene Feld,
- Bibliotheksparameter, deren Interpretation für das Verständnis des Teilblockes notwendig ist,
- erläuternde Bemerkungen in französischer Sprache,
- Referenzangaben für den Leser, die auf ergänzende Informationen innerhalb der SET-Spezifikation verweisen.

Die Spezifikation eines Informationselementes innerhalb der SET-Bibliothek erfolgt auf analoge Art und Weise durch die folgenden Bestandteile (siehe Abb. 5.5 in englischer Sprache):

- eindeutiger Parameternummer,
- eindeutiger Parametername,
- Definition in französischer Sprache,
- Zuordnung der möglichen Datentypen,
- Angabe eines Default-Wertes,
- Liste der möglichen Werte,

4-13 Z 68-300-4

@10 **block** @10

DESIGNATION :	Circular arc	
DEFINITION : A circular arc is defined in a parametric form, by its radius , its start and end angles and the centre of the circle.		
sub-block	**description**	**constraint**
#10	Parameters of circular arc	O
#14	*Coefficients of conic*	*E*

DICTIONARY ENTRIES
:IG :ST :SGC :SRT :SRC

NOTES	ref
	1/1

Abb. 5.3. Beispiel einer Block-Element-Spezifikation in SET

5 - 15 Z 68-300-5

#10 **sub-block** **#10**

DESIGNATION :	Parameters of circular arc		
SYNTAX :	#10,R,UDEB,UFIN,COORD		
field	**description**	**type**	**ref**
R	Value of circle radius in active units	F	
UDEB	Value of start angle in active angular units	F	
UFIN	Value of end angle in active angular units	F	
COORD	Coordinates of circle centre	F	:3
	or		
	Pointer to a point block	P	@1
	NOTE a circle is defined by its parametric equations X = X0 + R * cos (U) Y = Y0 + R * sin (U) Z = Z0 With U ∈ [UDEB,UFIN] X0, Y0, Z0 are the centre coordinates		

DICTIONARY ENTRIES

:IGREP :IGCOOR

NOTES	ref
- the coordinates of the centre of the circle are expressed in the coordinate system in which the circle is defined.	
- A circle can be closed (:15,1) if the distance between the arc end points is less than the dimensional tolerance.	:12
	1/1

Abb. 5.4. Beispiel einer Teilblock-Element-Spezifikation in SET

3-11 Z 68-300-3

:3 dictionary entry :3

DESIGNATION : Type of coordinates			
DEFINITION : Specifies the nature of the coordinates that are used.			
TYPE(S) : I	DEFAULT VALUE : 3		
value	description	type	ref
2	2D Cartesian coordinates X,Y	I	
3	3D Cartesian coordinates X,Y,Z	I	
4	3D homogeneous coordinates X,Y,Z,H	I	
5	Polar coordinates R,θ	I	
6	Cylindrical coordinates R,θ,Z	I	
7	Spherical coordinates R,θ1,θ2	I	
8	2D homogeneous coordinates X,Y,H	I	

NOTES	ref
- In 2D $^1/_2$, the Z dimension is given by the "constant third dimension" entry	:4
- In the case of homogeneous coordinates the value of the H coordinate must be consistent with the values of the other coordinates.	
	1/1

Abb. 5.5. Beispiel einer Bibliothek-Element-Spezifikation in SET

- für jeden einzelnen möglichen Parameterwert eine textuelle Beschreibung in französischer Sprache möglicherweise zusammen mit einer ergänzenden Graphik,
- für jeden einzelnen möglichen Parameterwert die Angabe des Datentypes,
- erläuternde Bemerkungen in französischer Sprache,
- Referenzangaben für den Leser, die auf ergänzende Informationen innerhalb der SET-Spezifikation verweisen.

Wegen der informellen, d.h. nicht streng formalisierten, sondern nur verbalen Art und Weise dieser Elementdefinitionen kann die Gesamtheit der Informationselemente in der SET-Spezifikation nicht automatisch auf Konsistenz hinsichtlich ihrer logischen Verkettung geprüft werden. Zusätzlich bindet diese Vorgehensweise bei der Spezifikation der Felder eines Teilblocks und der Parameterwerte in der Bibliothek diese Informationselemente direkt an den sequentiellen Aufbau des stark verschachtelten Dateiformats. Die vier Schachtelungsebenen einer SET-Austauschdatei lauten dabei in der Reihenfolge ihres Enthalten-Seins:

- Assembly:
  * Gruppierung von Blöcken,
  * kann Bibliotheken referenzieren, wobei diese nicht notwendigerweise Bestandteil der Austauschdatei sein müssen,
- Teilassembly:
  * Gruppierung von Blöcken,
  * kann von externen Blöcken ähnlich wie ein Unterprogramm aufgerufen bzw. integriert werden,
  * können zu solchen Bibliotheken zusammengefaßt werden, die als Bestandteil der Austauschdatei übertragen werden,
- Block:
  * Gruppierung von Teilblöcken,
- Teilblock.

Als letztes sei an dieser Stelle erwähnt, daß eine SET-Austauschdatei eine Sequenz von Zeichen ist, wobei keine Zeilenorientiertheit und demzufolge keine Positionsabhängigkeit existiert. Durch die ASCII-Kodierung der Zeichen selbst ist die Datei insbesondere als Klartext lesbar. Das soeben beschriebene SET-Dateiformat ist sehr kompakt.

5.4 EDIF

EDIF ist das Kürzel für "Electronic Design Interchange Format". Die Version 200 von EDIF wurde in der USA als ANSI-Norm RS548 im März 1987 verabschiedet. Die erste Version wurde bereits 1985 zum Interim-Standard Nr.44 der EIA in den Vereinigten Staaten ernannt und als de facto Industriestandard weltweit genutzt. Seit 1988 gibt es intensive Bemühungen, EDIF mit der Methodologie von STEP zu harmonisieren und dadurch als ein gesondertes Anwendungsmodell in STEP zu integrieren.

EDIF ist auf die speziellen Bedürfnisse der Elektronikindustrie zugeschnitten. Die Zielsetzung des EDIF-Projektes wird jedoch nirgends präzise formuliert. Die einzige Aussage dazu lautet:

- ein Austauschformat für elektronische Designdaten, das den Anforderungen einer breiten Palette von Anwendungen genügen soll:
  - vom Transfer von fertigen Maskenlayout-Daten für eine integrierte Schaltung (IC),
  - bis zum Transfer des logischen Verhaltens von Mikrocomputern.

Folgende Sachverhalte fallen in dieser allgemeinen Formulierung der Umfanges sofort auf:

- keine Aufzählung der Anwender oder Anwendungen, die ein solches Austauschformat verwenden können,
- keine vollständige Auflistung oder Kategorisierung der auszutauschenden elektronischen Designdaten bzw. des zugrundeliegenden Elektronikmodells,
- keine Einbettung in ein umfassendes Referenzmodell.

Zur Erreichung dieser allgemeinen Zielvorgabe werden in der EDIF-Spezifikation der Version 200 drei aufwärtskompatible Komplexitätsstufen definiert:

- Stufe 0: In der Austauschdatei sind nur konkrete Instanzen der Attribute durch die spezifizierten Datentypen erlaubt,
- Stufe 1: In der Austauschdatei können den Attributen außerdem variable oder funktionale Ausdrücke zugewiesen werden,
- Stufe 2: In der Austauschdatei können zusätzlich prozedurale Elementbeschreibungen enthalten sein.

Für jede Komplexitätsstufe werden Informationselemente definiert, die in keine weiteren logischen Teilklassen unterschieden werden:

- Stufe 0: 273 Konstrukte,
- Stufe 1: 37 Konstrukte,
- Stufe 2: 13 Konstrukte.

Mit Hilfe dieser drei obigen Komplexitätsstufen können somit insgesamt Instanzen von insgesamt 323 Informationselementen ausgetauscht werden. Dabei müssen den Attributen jedes abstrakten Informationselementes zu Instanziierungszeit konkrete Werte als Daten entsprechend der in der Spezifikation vordefinierten Syntax zugewiesen werden, um so eine Austauschdatei elementweise erzeugen zu können.

Die Spezifikation eines EDIF-Informationselementes besteht aus den folgenden Bestandteilen (siehe Abb. 5.6):

- Syntaxbeschreibung, die die Instanziierungsreihenfolge der folgenden Grössen in der Austauschdatei festlegt:
  * Schlüsselwort des Elementtypen,
  * Liste der Parameter,
  * mögliche Klammerungen,
- Beschreibung des Zieles, der Möglichkeiten sowie des Verhaltens in englischer Sprache, die um eine veranschaulichende Graphik ergänzt sein kann,
- ein oder mehrere gültige Instanziierungsbeispiele,
- Referenzliste derjeniger Informationselemente, die das soeben spezifizierte Element verwenden,
- Liste von weiteren, zum korrekten Verständnis notwendigen Informationselementen.

Entsprechend der Spezifikation müßten zunächst die zum Teil recht langen Schlüsselworte der EDIF-Informationselemente bei jeder einzelnen Instanziierung in der Austauschdatei erscheinen. Um die EDIF-Austauschdatei jedoch so kompakt wie möglich zu gestalten, ist zusätzlich ein Stufenkonzept zur Abkürzung der Schlüsselworte definiert:

circle EDIF Version 2 0 0

circle

(circle *pointValue pointValue* { *property* })

circle

Circle is used to describe a circle which has the specified points at either end of a diameter of the circle. It is a special case of *shape*.

Example:

(circle (pt 0 0) (pt 10 0))

This example produces a circle of radius 5 distance units whose center is at (5,0).

Used in:

figure.

See also:

figureGroupOverride, *rectangle*, and *shape*.

Abb. 5.6. Beispiel einer Element-Spezifikation in EDIF

- 1. Abkürzungsstufe: 3 Konstrukte,
- 2. Abkürzungsstufe: 11 Konstrukte,
- 3. Abkürzungsstufe: 6 Konstrukte.

Wegen der informellen, d.h. nicht streng formalisierten, sondern nur verbalen Art und Weise dieser Elementdefinitionen kann die Gesamtheit der Informationselemente in der EDIF-Spezifikation nicht automatisch auf Konsistenz hinsichtlich ihrer logischen Verkettung geprüft werden. Weiterhin bindet die syntaktische Vorgehensweise bei der Spezifikation der Informationselemente diese an das LISP-ähnliche, durch streng hierarchisch ineinander geschachtelte Klammerausdrücke gekennzeichnete Format der EDIF-Austauschdatei.

Ein in der Schachtelung weit oben zu findendes Element ist die Bibliothek. Eine wichtige Eigenschaft einer Bibliothek in EDIF ist, daß sie sowohl als intern definierte Instanz als Bestandteil der Datei ausgetauscht werden kann, oder durch eine externe Referenz vom Empfänger der Austauschdatei selbst zur Verfügung gestellt werden muß. Im letztgenannten Fall muß die Konsistenz und die Vollständigkeit der extern referenzierten Bibliothek selbstverständlicherweise vom Empfänger, nach Absprache mit dem Sender, gewährleistet werden.

Als Letztes sei an dieser Stelle erwähnt, daß eine EDIF-Austauschdatei eine Sequenz von Zeichen ist, wobei es keine Zeilenorientiertheit gibt. Durch die ASCII-Kodierung der Zeichen ist eine EDIF-Austauschdatei als Klartext lesbar. Leicht lesbar wird eine solche Datei, falls die Zeilenumbrüche entsprechend der Klammerung vorgenommenen werden und die jeweiligen Zeichenfolgen entsprechend der jeweiligen Schachtelungstiefe eingerückt werden.

5.5 VDAPS

VDAPS ist das Kürzel für "Verband der Automobilindustrie – Programmierschnittstelle". VDAPS wurde als deutsche DIN-Vornorm V66304 im Oktober 1987 verabschiedet. In den folgenden Jahren wurde an dieser DIN-Norm ständig weitergearbeitet. Seit 1989 gibt es intensive Bemühungen die in VDAPS enthaltenen Konzepte in die internationalen Normungsbestrebungen im Rahmen von STEP einzubringen und mit dessen Methodologie zu harmonisieren, um es dadurch als ein gesondertes Anwendungsmodell in STEP zu integrieren.

VDAPS ist speziell auf die Erfassung von Norm- und Wiederholteilen ausgerichtet. Die Zielsetzung des VDAPS-Projektes lautet:

- Austausch von Normteil-Beschreibungen zwischen verschiedenen rechnergestützten Konstruktionssystemen,
- systemneutrale, vollständige und geprüfte Erstellung von Normteilgruppen sowie deren ständige Anpassung an Normänderungen durch eine zentrale Stelle.

Folgender Sachverhalt fällt bei der Zielsetzung sofort auf:

- bewußte Beschränkung auf die rechner- und systemneutrale Beschreibung von dimensions- und gestaltsvariablen Geometrien.

Dabei werden zunächst zwei- und drei-dimensionale Kantenmodelle beschrieben, die in Zukunft auf Flächen- bzw. Volumenmodelle erweitert werden sollen.

Bemerkenswert ist der Lösungsansatz der VDAPS, die als eine FORTRAN-77 Programmschnittstelle eine feste Anzahl von Variantenprogrammen zur Verfügung stellt. Dadurch können die Kantengeometrien von Normteilen sowie von anwenderspezifischen Wiederholteilen mit Hilfe der FORTRAN-77 Variantenprogramme der VDAPS prozedural erzeugt werden. Diese können in Programmbibliotheken gespeichert und bei Bedarf in das CAD-System eingelesen werden. Die VDAPS definiert die visuelle Präsentation der spezifizierten Geometrie.

Die Dokumentation enthält keine Erläuterung über Normteile selbst, lediglich einen Verweis auf die DIN-Vornorm V 4001 über Vorgaben für die Geometrie und die Merkmale der CAD-Normteiledatei. Desweiteren wird ein globales Referenzmodell vorgestellt, das die VDAPS-Programmschnittstelle und die durch sie beschriebenen Normteile mit dem Geometrie-Modul des CAD-Systems in Bezug setzt.

In der VDAPS-Spezifikation werden fünf Klassen von FORTRAN-77 Sprachelementen definiert:

- 28 Funktionen zur Geometrie-Definition:
  * 25 davon für Liniengeometrie,
  * 1 davon für Text,
  * 1 davon für Schraffuren,
  * 1 davon für Bereichsausblendung,
- 11 Funktionen zur Geometrie-Manipulation:
  * 6 davon für allgemeine Manipulation,
  * 5 davon für Gruppenbildung,
- 2 Funktionen für Darstellungsattribute,
- 4 Funktionen zur räumlichen Orientierung,
- 4 Hilfsfunktionen.

Mit Hilfe der fünf obigen Klassen kann somit bei der Erzeugung einer Normteil-Beschreibung auf insgesamt 49 FORTRAN-77 Sprachelemente zurückgegriffen werden. Jede Definition eines Sprachelementes beschreibt ein logische Funktion, der beim Aufruf zur Realisierung der Normteil-Beschreibung konkrete Werte als Parameterdaten entsprechend der in der Spezifikation vordefinierten Syntax zugewiesen werden müssen.

Die Spezifikation eines VDAPS-Sprachelementes besteht aus den folgenden Bestandteilen (siehe Abb. 5.7):

DIN V 66 304 Seite 23

ARCR2A (Arc Radius by Two Angles)

Erzeugung eines Kreisbogens (= Vergabe eines Kreisbogennamens) durch Angabe des Radius, Anfangs- und Endwinkels und eines lokalen Koordinatensystems. Die Winkel zählen im lokalen System von der x-Achse aus und liegen in der x-y-Ebene. Sie geben also jeweils die Drehung um die z-Achse des lokalen Systems an.

anam = ARCR2A (rad,ang1,ang2,lcsnam,kfix)

rad	DP	INP	Radius des Kreisbogens
ang1	DP	INP	Anfangswinkel des Bogens
ang2	DP	INP	Endwinkel des Bogens
lcsnam	I	INP	Name des lokalen Koordinatensystems
kfix	I	INP	Fixierungskennwert (= 0: temporäre Speicherung des Entities) (= 1: sofortiges Abbilden im CAD-System)

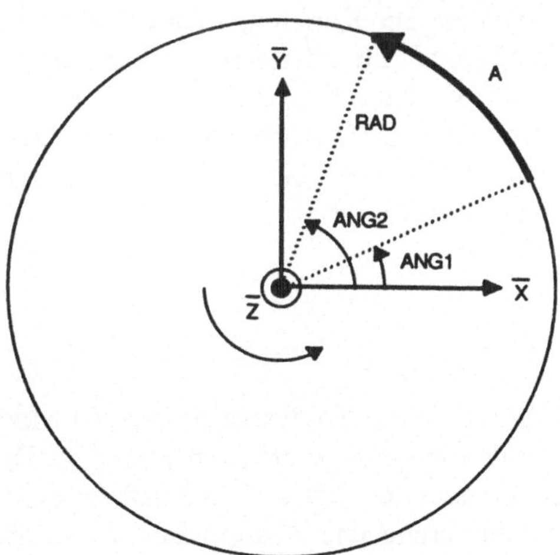

Abb. 5.7. Beispiel einer Element-Spezifikation in VDAPS

- Funktionsname sowie Kurzbezeichnung in Klammern,
- Funktionsbeschreibung in deutscher Sprache,
- Syntaxbeschreibung, die die Reihenfolge der folgenden Parameter beim Funktionsaufruf festlegt:

  * eindeutiger individueller Instanzennamen des generierten Elementes (falls generierende Funktion),
  * FORTRAN-77-Schlüsselwort CALL (falls sonstige Funktion),
  * VDAPS-Schlüsselwort der Funktion,
  * Liste der Parameter,

- Zuordnung eines Datentypen für jeden einzelnen Parameter, der beim Funktionsaufruf eingehalten werden muß,
- Zuordnung der Kennzeichnung ob Ein- oder Ausgabe für jeden einzelnen Parameter,
- textuelle Definition in deutscher Sprache für jeden einzelnen Parameter,
- ergänzende Graphik bei Bedarf zur Veranschaulichung der Funktion.

Wegen der informellen, d.h. nicht streng formalisierten, sondern nur verbalen Art und Weise dieser Definitionen der Sprachelemente, kann die Gesamtheit der Funktionen in der VDAPS-Spezifikation nicht automatisch auf Konsistenz hinsichtlich der Hintereinanderausführung geprüft werden. Wegen der geringen Anzahl der VDAPS-Sprachelemente kann dies jedoch manuell gezeigt werden. Weiterhin bindet diese Syntax die VDAPS-Programmschnittstelle direkt an FORTRAN-77.

In Ergänzung zu den Geometrieinformationen der VDAPS können die notwendigen Abmessungen sowie die weiteren hierarchisch geordneten Klassifizierungsschlüssel in Form von Sachmerkmalleisten entsprechend der DIN-Norm 4001 erfaßt und gespeichert werden. Die Kopplung dieser Sachmerkmalleisten an die VDAPS-Schnittstelle ermöglicht die effiziente Ähnlichkeitssuche und das Wiederauffinden der Norm- und Wiederholteile in Bibliotheken.

Zur weiteren Sicherheit für den CAD-Anwender wurde in Deutschland die DIN-Software GmbH mit der Erstellung einer Softwareumgebung sowie der Beschreibung der DIN-Normteile beauftragt.

5.6 STEP

STEP ist das Kürzel für "Standard for the Exchange of Product Model Data". Die erste Stufe in dem internationalen Normungsverfahren wurde im Dezember 1988 erreicht, als das komplette Dokument den Status eines Draft-Proposals bekam und als ISO-DP 10303 zur Kommentierung und Abstimmung verschickt wurde. Ein wichtiges Ergebnis war die darauffolgende Partitionierung von STEP in mehrere Teile. In Zukunft werden die einzelnen Teile separat, entsprechend dem jeweiligen Stand ihrer Entwicklung, dem Normungsverfahren zugeführt. Ein nächster Zwischenschritt wird im Oktober 1991 erreicht werden, wenn eine ausgewählte Menge von STEP-Teildokumenten als Version 1.0 zur Kommentierung und Abstimmung als zweiter Committee-Draft (neue Bezeichnung anstelle von Draft-Proposal) freigegeben wird. Mit der endgültigen internationalen Norm für die Version 1.0 ist jedoch nicht vor 1993 zu rechnen. Bemerkenswert ist eine Resolution der beteiligten Länder, ihre existierenden nationalen Aktivitäten im Bereich des CAD/CAM- bzw. Produktmodelldatenaustausches mit STEP abzustimmen und spätestens zu dem Zeitpunkt einzustellen, an dem zertifizierte STEP-Prozessoren zur Verfügung stehen.

Wie der Name andeutet, ist STEP für den Austausch von Produktmodelldaten gedacht. Die globalen Zielsetzungen des STEP-Projektes werden im Teildokument Nr.1 folgendermaßen formuliert [SHA91]:

- Entwicklung eines Mechanismus zur vollständigen Repräsentation von produktdefinierenden Daten während des Lebenszyklus eines Produktes,
- Unabhängigkeit dieses Mechanismus von jedem CA-System,
- die Vollständigkeit dieser Repräsentation soll:
  * den Austausch mit Hilfe einer neutralen Datei ermöglichen,
  * Grundlage für die Implementierung und Nutzung als Produktdatenbasis sein,
  * Grundlage für die Archivierung sein,
- Sicherung der Aufwärtskompatibilität durch Erweiterbarkeit der Spezifikation,
- Effizienz der Entitymenge und der Dateistruktur im Hinblick auf Zeitaufwand für die Bearbeitung sowie den notwendigen Speicherbedarf,
- Minimalität der Entitymenge zur Deckung des Produktmodellkonzeptes von STEP,
- Kompatibilität mit anderen Standards,
- Unabhängigkeit von der Rechnerumgebung, wie z.B.:
  * Programmiersprache,
  * Betriebssystem,
  * Operator,
  * Hardware,
- Definition von Anwendungsprotokollen als ausgewählte logische Teilmengen, die vollständig implementiert werden müssen,
- Entwicklung von Methoden zur Validierung und Zertifizierung.

Auffallend ist die umfangreiche und globale Art der Zielvorgabe, die schon einige Bestandteile der Methodologie vorweggreift, wie z.B. die Anwendungsprotokolle. Der Umfang der auszutauschenden Informationselemente selbst, die sogenannten produktdefinierenden Daten, wird nicht beschrieben oder gar klassifiziert. Es wird in diesem Zusammenhang lediglich auf den zu berücksichtigenden Lebenszyklus eines Produktes hingewiesen. Damit soll angedeutet werden, daß STEP die Integration der CA-Techniken von CAD über CAM bis hin zu CIM anstrebt. Mit dieser Forderung an sich selbst befindet sich STEP exakt an dem heutigen Stand der Technik, wo dieses vollständige Zusammenfügen ein ungelöstes Problem darstellt.

Anstatt eines globalen Produktmodells findet sich im obigen Übersichtsdokument eine Liste von 14 unterschiedlichen Informationsmodellen, die im

Rahmen des STEP-Projektes entwickelt werden. In solch einem Informationsmodell werden bestimmte Aspekte des Produktmodells erfaßt und spezifiziert. Diese werden zur Zeit noch einmal in neun anwendungsunabhängige und fünf anwendungsabhängige Informationsmodelle unterteilt. Die anwendungsunabhängigen Informationsmodelle lauten:

- Teil 41: Grundlagen der Produktbeschreibung und -unterstützung,
- Teil 42: Repräsentation der Gestalt,
- Teil 43: Repräsentationsstrukturen,
- Teil 44: Konfiguration der Produktstruktur,
- Teil 45: Materialien,
- Teil 46: Visuelle Präsentation,
- Teil 47: Gestaltstoleranzen,
- Teil 48: Formelemente,
- Teil 49: Produktlebenszyklus.

Die anwendungsabhängigen Informationsmodelle lauten:

- Teil 101: Grundelemente für technische Zeichnungen,
- Teil 102: Strukturen für den Schiffbau,
- Teil 103: Modell für die Elektrotechnik,
- Teil 104: Finite Element Analyse,
- Teil 105: Kinematik.

Diese Art der Füllung des Produktmodellbegriffs zeigt deutlich den von unten nach oben (bottom-up) beschrittenen Weg des STEP-Projektes.

Von diesen 14 Informationsmodellen sollen die folgenden 5 Bestandteil der Version 1.0 von STEP werden [SEC90]. Die jeweilige Anzahlen der enthaltenen verschiedenartigen Informationselemente werden den aktuellen Dokumenten entnommen (Stichtag: 9. Januar 1992).

- Teil 41: Grundlagen der Produktbeschreibung und -unterstützung [MCK91]:
  * 16 Schemata,
  * 86 Entities,
  * 27 Typen,
  * 0 Regeln,
  * 13 Funktionen.
- Teil 42: Repräsentation der Gestalt [GOU91]:
  * 3 Schemata,
  * 111 Entities,
  * 19 Typen,
  * 0 Regeln,
  * 102 Funktionen.

- Teil 43: Repräsentationsstrukturen [SAN91]:
  * 2 Schemata,
  * 8 Entities,
  * 3 Typen,
  * 2 Regeln,
  * 5 Funktionen.
- Teil 46: Visuelle Präsentation [KLE91]:
  * 4 Schemata,
  * 115 Entities,
  * 22 Typen,
  * 2 Regeln,
  * 3 Funktionen.
- Teil 101: Grundelemente für technische Zeichnungen [PAR91]:
  * 4 Schemata,
  * 25 Entities,
  * 8 Typen,
  * 0 Regel,
  * 0 Funktionen.

Diese vier Informationsmodelle stellen somit in der Version 1.0 den später beschriebenen Anwendungsprotokollen insgesamt 345 unterscheidbare Entities zur Verfügung.

Die formale Spezifikation der Informationsmodelle selbst geschieht in der Informationsmodellierungssprache EXPRESS, die in einer parallelen Entwicklung als Teil Nr. 11 von STEP [SCH91] genormt werden soll und ebenfalls als Bestandteil der Version 1.0 vorgesehen ist. Dabei wird jedes für den Austausch signifikante Informationselement als sogenanntes Entity definiert. Die einzelnen Charakteristika und Merkmale eines solchen Entitys werden durch Attribute beschrieben, deren Typ angegeben werden muß. Dieser Typ eines Attributes kann sein:

- Basistyp, z.B. Integer oder Boolean,
- benamter Aufzählungstyp,
- Entitytyp.

Dadurch können Netze von miteinander eventuell auch rekursiv verknüpften Entities definiert werden. So ein auch semantisch sinnvoll zusammenhängendes Netz von Informationselementen wird Schema genannt. Desweiteren können den Attributen eines Entitys lokal Restriktionen auferlegt werden. Soll jedoch das Verhalten von mehreren Entities koordiniert werden, so muß dies durch eine sogenannte Regel geschehen. Zur Vereinfachung der lokalen Restriktionen innerhalb eines Entities und den entityübergreifenden globalen Regeln können sogenannte Funktionen definiert werden. Auf die vollständige Beschreibung der obigen EXPRESS Sprachkonstrukte sowie der weiteren in EXPRESS vorgesehenen

Möglichkeiten wird an dieser Stelle verzichtet. Der interessierte Leser möge dazu direkt Teil Nr. 11 von STEP bemühen.

Die vollständige Spezifikation eines STEP-Entitys besteht aus den folgenden Bausteinen (siehe Abb. 5.8):

- beschreibender Text in englischer Sprache zur Erläuterung des Aufbaues, des Verhaltens und der Verwendungsmöglichkeiten des Informationselementes möglicherweise um eine darstellende Graphik ergänzt,
- formale Spezifikation in EXPRESS in der Reihenfolge ihres Auftretens:
  * EXPRESS Schlüsselwort Entity,
  * schemaspezifischer Entityname als Schlüsselwort,
  * Kennzeichnung der Sub- und Superelemente des Entitys innerhalb der Schemahierarchie mit EXPRESS Schlüsselworten, falls vorhanden,
  * Liste von Attributen mit entityspezifischen Schlüsselworten und zugeordneten Typen,
  * evtl. Liste von abzuleitenden Attributen mit entityspezifischen Schlüsselworten,
  * Liste von lokalen Regeln mit zugeordneten entityspezifischen Schlüsselworten,
  * EXPRESS Schlüsselwort End_Entity,
- Beschreibung der einzelnen Attribute in englischer Sprache,
- Beschreibung der einzelnen lokalen Restriktionen in englischer Sprache.

Die vollständige Spezifikation der Funktionen, Regeln und Schemata geschieht in ähnlicher Art und Weise.

Wegen der enthaltenen formalen Spezifikation in EXPRESS kann jedes Schema automatisch auf syntaktische Konsistenz mit Hilfe eines Parsers geprüft werden. Dadurch kann insbesondere die korrekte Verkettung der einzelnen Entities festgestellt werden. Ob das formal richtig spezifizierte Schema auch die gewünschte Semantik enthält, kann durch den Parser selbstverständlich nicht festgestellt werden. Auf die logische Mächtigkeit eines STEP-Schemas müssen sich die Experten einigen, dies kann nicht automatisiert werden. Wohl aber kann die Abbildung eines EXPRESS-Schemas in ein ähnliches Schema durch die Unterstützung von Methoden aus dem Bereich der Künstlichen-Intelligenz zum Teil automatisiert werden [GU_90]. Letztere Fähigkeiten werden aber mit Sicherheit nicht für die Implementierung der Version 1.0 von STEP genutzt werden müssen.

Festzustellen ist weiterhin die wichtige Tatsache, daß durch die Verwendung der formalen Sprache EXPRESS die Spezifikation des Informationsmodells vollkommen von der Art der Implementierung des Datenaustauschs getrennt ist. Insbesondere ist die Spezifikation selbst unabhängig von jedem Daten- oder Dateiformat, das bei der Instanziierung der Informationselemente verwendet werden soll.

Verschiedenen Arten der Implementierung werden in STEP diskutiert. Die folgenden vier Methoden werden angestrebt [ALT88]:

- Dateiaustausch,
- Arbeitsformaustausch,
- Datenbankaustausch,
- Wissensbankaustausch.

In der Version 1.0 von STEP ist die Realisierung des Datenaustauschs mit Hilfe einer Austauschdatei vorgesehen. Dazu werden in Teil Nr. 21 eindeutige Abbildungsregeln vorgeschrieben, die den Mechanismus zur Instanziierung der Informationselemente auf einer sequentiellen und als Klartext lesbaren, ASCII kodierten Datei festlegen [MAA91]. Eine STEP-Austauschdatei ist dabei eine Folge von aufeinander verweisenden Entity-Instanzen, wobei Referenzen nur nach hinten, das heißt zu bereits existierenden Entity-Instanzen erlaubt sind. Eine Entity-Instanz besteht dabei aus:

- Identifikationsnummer, die innerhalb der Austauschdatei eindeutig ist,
- Entitynamen als schemaspezifischem Schlüsselwort,
- Liste von Daten oder Referenzen als korrekte Ausprägungen der Attributtypen, wobei die Reihenfolge der Attribute in der formalen Spezifikation ausschlaggebend ist.

Schemagrenzen, lokale Restriktionen sowie globale Regeln werden nicht instanziiert. Die Instanz eines Entitys wird vielmehr auf die Einhaltung dieser Nebenbedingungen überprüft und darf bei Verletzung nicht auf der Austauschdatei erscheinen.

Die einzelnen Informationsmodelle beschreiben den betreffenden Produktaspekt vollständig mit allen seinen Möglichkeiten. Die aufgabenspezifischen Anforderungen in der industriellen Praxis hingegen setzen das Zusammenspiel von ausgewählten Teilmengen aus verschiedenen Informationsmodellen voraus. Daher ist es nicht sinnvoll von STEP-Prozessoren die Verarbeitung sämtlicher STEP-Informationselemente zu fordern. Als Resultat der Erfahrungen mit IGES und VDAIS sieht das STEP-Projekt daher die Definition von genormten Anwendungsprotokollen vor, die die Basis für jede Prozessorimplementierung sein müssen. Anwendungsprotokolle definieren den Kontext für die Verwendung der Informationselemente mit Hilfe der folgenden Komponenten [SHA91]:

- Definition der Anforderungen und des Umfangs der Anwendung,
- Anwendungsreferenzmodell:
    * definiert den Anwendungsbereich,
    * definiert die Menge der bereitgestellten Informationen,
- anwendungsinterpretiertes Modell:
    * spezifiziert die Liste der enthaltenen Schemata, Entities, Regeln und Funktionen, wobei weitere Restriktionen vorgenommen werden können,
    * bestimmt die Art der Implementierung,

4.3.17 CIRCLE

A circle is defined by a radius and its location and orientation.

Interpretation of the data shall be as follows:

$$\begin{aligned} \mathbf{C} &= \text{position.location} \\ \mathbf{x} &= \text{position.p[1]} \\ \mathbf{y} &= \text{position.p[2]} \\ \mathbf{z} &= \text{position.p[3]} \\ R &= \text{radius} \end{aligned}$$

and the circle is parametrised as

$$\lambda(u) = \mathbf{C} + R((\cos u)\mathbf{x} + (\sin u)\mathbf{y})$$

The parametrisation range is $0 \leq u \leq 360$ degrees.

In the Placement Coordinate System defined above, the circle is the equation $C = 0$, where

$$C(x, y, z) = x^2 + y^2 - R^2$$

The positive sense of the curve at any point is in the tangent direction, **T**, to the curve at the point, where

$$\mathbf{T} = (-C_y, C_x, 0).$$

EXPRESS specification:

```
*)
ENTITY circle
SUBTYPE OF (conic);
  radius   : length_measure;
  position : axis2_placement;
DERIVE
  dim      : INTEGER := coordinate_space(position);
WHERE
  WR1 : radius > 0.0;
END_ENTITY;
(*
```

Attribute definitions:

radius: The radius of the circle.

position: The location and orientation of the circle. **position.location** defines the center of the circle.

dim: The dimensionality of the coordinate space for the circle.

Formal propositions:

WR1: The radius shall be greater than zero.

Abb. 5.8. Beispiel einer Entity-Spezifikation in STEP

– Benutzerhandbuch,
– Testmethoden.

Die folgenden Anwendungsprotokolle werden entwickelt, von denen Teil 201 Bestandteil der Version 1.0 von STEP sein soll:

– Teil 201: Austausch von CAD-Zeichnungen mit expliziter zweidimensionaler Geometrie und Bemaßung,

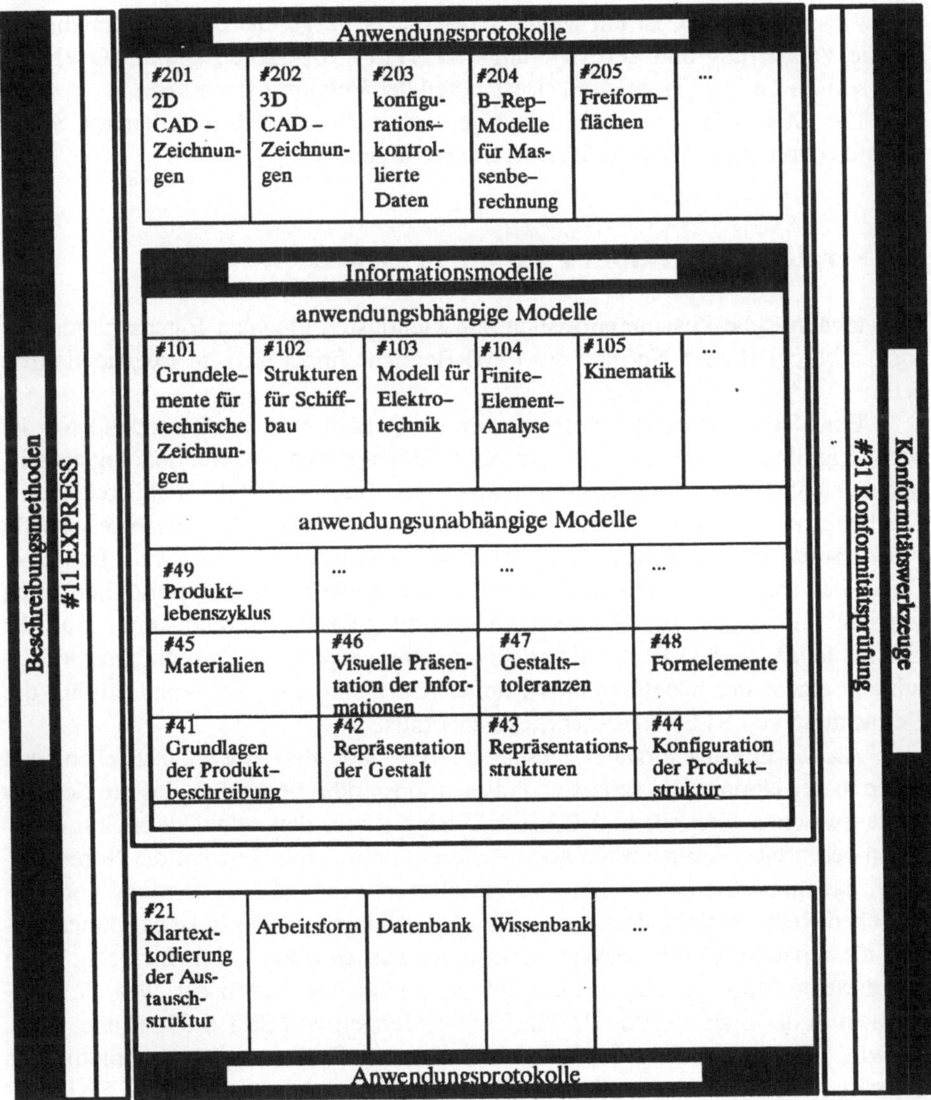

Abb. 5.9. Gesamtstruktur der STEP-Teile

- Teil 202: Austausch von CAD-Zeichnungen mit Referenzierung der dreidimensionalen Gestalt und mit expliziter Annotation,
- Teil 203: Austausch von konfigurationskontrollierten dreidimensionalen produktdefinierenden Daten,
- Teil 204: Austausch von B-Rep-Modellen mit analytischen Flächenteilen zum Zweck der Massenberechnung,
- Teil 205: Datentransfer von Freiformflächen über eine physikalische Datei.

Zur weiteren Sicherheit für den Anwender, der beim Modelldatenaustausch mit Hilfe von STEP auf die käuflichen Prozessoren der CAD-Systemhersteller angewiesen sein wird, ist ein weiteres Dokument vorgesehen, das Testmethoden für die Validierung und Zertifizierung von STEP-Prozessoren enthält [OWE90]. Dies soll als Teil Nr. 31 ebenfalls Bestandteil der Version 1.0 werden.

Die Gesamtstruktur der zukünftigen internationalen Mehrteilenorm STEP läßt sich durch Abb. 5.9 einprägsam veranschaulichen.

5.7 Vergleich im Hinblick auf die Präsentation

Eine tabellarische Zusammenfassung der wichtigsten globalen Eigenschaften der soeben beschriebenen Normen des CAD-Bereichs findet sich im folgenden Abb. 5.10.

Ein Vergleich dieser Normen zum Austausch von CAD-Modelldaten ist schwierig, da zum Teil ihre Ziele, in allen Fällen jedoch ihre Methodologien sehr unterschiedlich sind. Im Zusammenhang dieses Buches sind die Fähigkeiten und Mechanismen der obigen Normen im Hinblick auf die zweidimensionale visuelle Präsentation der auszutauschenden CAD-Modelldaten von besonderem Interesse. Dabei läßt sich sofort feststellen, daß VDAFS keine Präsentationsmöglichkeiten vorsieht und damit im folgenden außer acht gelassen werden kann. Auf die Bestrebungen in STEP zur Entwicklung eines separaten Präsentationsmodells wird in einem der nachfolgenden Kapitel näher eingegangen. Somit entfällt die Betrachtung von STEP an dieser Stelle ebenfalls.

Als wichtigstes globales Gesamtergebnis läßt sich jedoch feststellen, daß keine dieser Normen ein separates Präsentationsmodul beinhaltet, das die Schnittstelle zwischen Graphik und CAD unabhängig von den reinen Produktmodelldaten beschreibt. Am nächsten kommt diesem modularen Konzept die Norm SET 6/89, das immerhin sowohl Informationselemente für die Beschreibung von graphischen Repräsentationen als auch für die Erstellung von technischen Zeichnungen als separate Klassen besitzt. Allerdings werden diese beide Elementklassen auf dieselbe Stufe gestellt und ihre Inhalte miteinander vermischt, was am deutlichsten in der Spezifikation der fünf Anwendungen von SET 6/89 sichtbar wird. Es wird eine Anwendung definiert, die technische Zeichnungen und graphischen Repräsentationen zusammenfaßt. Die restlichen vier Anwendungen in SET 6/89 beinhalten hingegen unverständlicherweise überhaupt keine Visualisierungsinformationen. Die Trennung in zwei Elementklassen zeigt, daß im SET-Projekt

	IGES 5.0	SET 6/89	VDAFS 2.0	EDIF 200	VDAPS	STEP 1.0
Norm	NISTIR 4412	AFNOR Z68–300	VDA	ANSI RS 548	DIN V66304	CD 10303
seit	1990	1989	1987	1987	1987	1991
Elemente	77	283	16	323	49	345
Spezifikation	deskriptiv	deskriptiv	deskriptiv	deskriptiv	funktional	deskriptiv
formal	nein	nein	nein	nein	nein	ja

Abb. 5.10. Tabelle der globalen Eigenschaften der CAD-Modelle

zum einen ein Unterschied zwischen technischen Zeichnungen und graphischen Repräsentationen gesehen wird. Die Spezifikation der fünf Anwendungen zum anderen verdeutlicht jedoch gleichzeitig, daß eine technische Zeichnung nicht als eine spezielle, mögliche Art der Präsentation der reinen Produktmodelldaten aufgefaßt wird, sondern als die einzige Art. Dadurch werden die Möglichkeiten der Präsentation als Bindeglied zwischen Produktmodell und Bildmodell auch in SET 6/89 nicht allgemeingültig wahrgenommen.

Die detaillierteren Informationsstrukturen derjenigen vier Normen, die Präsentationsmöglichkeiten vorsehen, sind in Abb. 5.11 tabellarisch aufgelistet. Gleiche Einträge in einzelnen Positionen bedeuten dabei aufgrund der erwähnten Verschiedenartigkeit nicht immer die quantitative oder qualitative Übereinstimmung der Informationselemente selbst. Alle wesentlichen Präsentationsstrukturen der Normen sind jedoch durch die folgenden in der Tabelle aufgeführten Aspekte abgedeckt:

- Präsentationsziele,
- zeichnungsspezifische Elemente,
- Pipeline,
- Toleranzen,
- Symbole,
- Textattribute,
- Schriftsätze,
- Linienattribute,
- Flächenattribute,
- Farbmodelle,
- Layout.

Die Präsentationsziele werden in IGES 5.0 und SET 6/89 explizit mit dem Stichwort des Austausches von technischen Zeichnungen formuliert. Dabei sieht IGES 5.0 eine zusätzliche Kennzeichnung desjenigen nationalen Regelwerks vor, das bei der normgerechten Erstellung der technischen Zeichnung verwendet wurde bzw. zu verwenden ist. EDIF 200 sieht die Präsentation von fünf verschiedenen logischen Sichten vor, die jeweils explizit graphische Elemente beinhalten. VDAPS benutzt projektive Ansichten als das Basiselement der fünfstufigen Normteil-Hierarchie.

Zur besseren Erfassung des Informationsgehaltes einer technischen Zeichnung werden in IGES 5.0 und SET 6/89 zehn bzw. elf zeichnungsspezifische Elemente spezifiziert, die die verschiedenen Arten der Gestaltsbemaßung direkt unterstützen.

Unter dem Stichwort Pipeline müssen die vorhandenen Abbildungsmechanismen untersucht werden, die es ermöglichen, ein CAD-Modell mit einer zweidimensionalen Darstellungsfläche zu verbinden. In den beiden Normen des CAD-Bereichs IGES 5.0 und SET 6/89 geschieht dies durch ein Kameramodell analog

	IGES 5.0	**SET 6/89**	**EDIF 200**	**VDAPS**
Präsentationsziele	technische Zeichnungen (mit Kennzeichnung entsprechend welcher Norm hergestellt; 7 Normen angebbar)	technische Zeichnungen	5 verschiedene logische Sichtarten	2D–Ansichten von Normteildaten
zeichnungsspezifische Elemente	10	11	–	–
Pipeline	Kameramodell	Kameramodell	Klippingmodell	7 Ansichtsarten können durch Kennwerte gesetzt werden
Toleranzen	–	–Segmentanzahl –Fehler	–	–
Symbole	–Text –Strichgeometrie –Pfeile	–Strichgeometrie –Umrissgeometrie –Referenzpunkte	–Text –Strichgeometrie –Anschlußpunkte –Ausblendrechtecke	–
Textattribute	ja	ja	ja	ja
Schriftsätze	–Strichbuchstaben	–Strichbuchstaben –Umrissbuchstaben	–	–
Linienattribute	ja	ja	ja	ja
Flächenattribute	–Schraffuren –Füllmuster	–Schraffuren	–Pixelmuster	–Schraffuren
Farbmodelle	– RGB	– RGB – CIE (X_{10}, Y_{10}, Z_{10})	– RGB	–
Layout	–Ansicht –Darstellungsfläche	–Ansicht –Darstellungsfläche	– Ansicht	– Ansicht

Abb. 5.11. Tabelle der Präsentationsaspekte in den CAD-Modellen

zu dem in Kapitel 4.5 Beschriebenen. In VDAPS ist das Kameramodell zu sieben Kennwerten reduziert, die jeweils eine bestimmte Voreinstellung zur Gewinnung einer speziellen Art der zweidimensionalen Ansicht kodieren.

EDIF 200 besitzt ein elektronikspezifisches, zweidimensionales CAD-Gestaltsmodell. Die zur Verfügung gestellte Präsentationspipeline besteht aus einem Klippingmodell, das mit zahlreichen Referenzierungs- und Instanziierungsmechanismen angereichert ist. Alle vier CAD-Modelle, die diesen untersuchten Normen innewohnen, besitzen Möglichkeiten zur Kontrolle der Sichtbarkeit.

Darstellungstoleranzen, die bei der graphischen Approximation der CAD-Primitive durch Graphik-Primitive einzuhalten sind, können lediglich in SET 6/89 angegeben werden. Dabei wird die lineare Approximation der CAD-Gestaltskurven und CAD-Gestaltsflächen kontrolliert zum einem durch die Segmentanzahl der approximierenden graphischen Kurven und Flächen sowie zum anderen durch den größten erlaubten Abstand zwischen der CAD-Gestalt und der linearen graphischen Approximation.

Die symbolische Präsentation von CAD-Modellinformationen wird durch die Bereitstellung eines Annotationssymbols als CAD-Primitiv in EDIF 200, IGES 5.0 und SET 6/89 explizit unterstützt. Dabei besitzt EDIF 200 wegen seiner Ausrichtung auf CAD-Anwendungen für den Bereich der Elektronik die reichhaltigsten Möglichkeiten. Da der Austausch von technischen Zeichnungen einer der Einsatzschwerpunkte von IGES 5.0 ist, wird durch diese Norm ebenfalls ein vielfältig einsetzbares Annotationssymbol bereitgestellt. Die obigen Definitionen der Annotationssymbole in den drei Normen des CAD-Bereichs weisen keinen hierarchischen Aufbau auf und stellen somit eine Sequenz der enthalten Bestandteile dar.

Die symbolische Präsentation von CAD-Modellinformationen macht intensiven Gebrauch von annotativen Texten. Alle vier in diesem Kapitel untersuchten Normen des CAD-Bereichs stellen Textattribute zum Teil recht unterschiedlichen Umfanges zur Kontrolle der Textdarstellung zur Verfügung.

Die Buchstabengeometrien eines Textes können in IGES 5.0 und SET 6/89 analog zu Schriftsätzen innerhalb dieser beiden Normen des CAD-Bereichs selbst vordefiniert werden. IGES 5.0 bietet die Möglichkeit Strichbuchstaben abzulegen. SET 6/89 ermöglicht darüber hinausgehend auch Umrissbuchstaben.

Zur Kontrolle sowohl der realitätstreuen als auch der symbolischen Präsentation von CAD-Gestaltskurven stellen alle vier in diesem Kapitel untersuchten Normen des CAD-Bereichs Linienattribute zum Teil recht verschiedenen Umfangs zur Verfügung.

Zur Kontrolle der Darstellung von flächigen CAD-Informationselementen stellen alle vier in diesem Kapitel untersuchten Normen des CAD-Bereichs Flächenattribute zum Teil recht verschiedenen Umfangs zur Verfügung. Es ist wichtig anzumerken, daß mit Hilfe dieser Normen CAD-Gestaltsflächen in einer realitätstreuen Präsentation nie flächig, sondern lediglich drahtig präsentiert werden können. Dies ist im wesentlichen im Fehlen von Beleuchtungs- und Schattierungsmodellen begründet. Somit werden diese Flächenattribute zur symbolischen Präsentation bestimmter Modellinformationen verwendet, z.B. Schraffuren für Oberflächengüten.

Bis auf VDAPS unterstützen diese Normen des CAD-Bereichs die Definition von Farben mit Hilfe des RGB-Farbmodells, das auf der additiven Mischung der drei Primärfarben rot, grün und blau basiert. Die Farbdefinition anhand des trichromatischen X10-Y10-Z10-Farbmodells der CIE (Commission International d'Eclairage) wird in SET 6/89 zusätzlich ermöglicht.

Alle vier untersuchten Normen des CAD-Bereichs verwenden bei der Layout-Organisation des Bildes das Konzept der Ansicht. Eine weitere Hierarchiestufe wird in IGES 5.0 und SET 6/89 durch das Konzept der virtuellen Darstellungsfläche gegeben. Weitere Hierarchiestufen, insbesondere zum bedeutungsgerechten Hinzufügen der annotativen Elemente aus den symbolischen Präsentationsformen zu den Elementen der realitätstreuen Präsentation, sind nicht vorhanden.

Eine tiefergehende Erläuterung der Konzepte zu realitätstreuen und symbolischen Präsentationsformen wird in Kapitel 7.1 gegeben. Die Diskussion der Präsentationsaspekte in den innewohnenden CAD-Modellen der Normen des CAD-Bereichs hätte ohne diesen Vorgriff nur unzureichend durchgeführt werden können.

6 Neues Konzept des Produktmodells

Ein grundlegendes Konzept ist das des Produktmodells. Dieses soll:

- als allgemeines generisches Referenzmodell zur Klassifizierung von CAD-Systemen dienen,
- bei der Gestaltung des rechnerinternen Modells von CAD-Systemen eine Hilfe darstellen,
- die Integration zwischen den unterschiedlichen CA-Techniken ermöglichen.

Die Abbildung des Produktmodellkonzeptes in technische Daten- und Wissensbanken kann diese Integration in Zukunft noch beschleunigen [AND89].

Im folgenden wird eine einheitliche Struktur eines modularen Produktmodells hergeleitet, wie sie vom Verfasser dieses Buches entwickelt wurde. Anschliessend werden die wichtigsten Merkmale dieses neuen Produktmodellkonzeptes vorgestellt (siehe auch [KLE90b]). Die wichtigsten Grundlagen für dieses neue Konzept bilden die in [SCH86b] vorgestellten Ideen sowie der in STEP nur implizit vorausgesetzte Produktmodellansatz. Den anderen CAD- und Graphikschnittstellen liegen, wie früher bereits dargestellt, lediglich immanente Informationsmodelle kleineren Umfanges zugrunde.

Auf die folgenden Vorteile dieses Produktmodellkonzeptes sei an dieser Stelle im voraus hingewiesen:

- Das Konzept erschließt den CIM-Bereich.
- Durch den modularen Aufbau können bei Bedarf anforderungsgerechte Teilmengen gebildet werden.
- Die formale Spezifikation der statischen, deskriptiven Aspekte der enthaltenen Informationselemente (Datenstrukturen) von einigen Modulen erfolgt im Rahmen der STEP-Projektes.
- Das separate Präsentationsmodul ermöglicht die logische Trennung zwischen den Informationen zur graphischen Visualisierung sowie den reinen Produktinformationen selbst.
- Der Datenaustausch basierend auf dem vorliegenden Produktmodellkonzept wird sich mit Hilfe von den in STEP definierten Formaten einfach gestalten.

6.1 Produktlebenszyklus

Das Produktmodell stellt den Ansatz dar, sämtliche Informationen über ein Produkt während seines Lebenszyklus integriert zu betrachten. Dabei lassen sich in dem Lebenszyklus eines Produktes grob die folgenden fünf Phasen unterscheiden [AND90]:

- Planung,
- Entwurf,
- Analyse,
- Fertigung,
- Wartung.

Diese fünf Phasen können in eine weitaus größere Anzahl von Teilphasen unterteilt werden. Die Produkte durchlaufen die Phasen und Teilphasen sequentiell, wobei häufige Rekursionen die schrittweisen Verfeinerungen sowie die auftretenden Änderungen der Produktinformationen ermöglichen.

Der Einsatzbereich heutiger CAD-Systeme liegt vorrangig in der Produktlebensphase des Entwurfs. Dies ist in der geschichtlichen Entwicklung von CAD begründet. Doch mit dem stetigen Wachsen der Rechnerleistungen wachsen auch ständig die Möglichkeiten in dem Bereich der Produktmodellierung. Viele CAD-Systeme integrieren bereits oder bieten zumindest systemspezifische Schnittstellen zu Teilphasen der Analyse und der Fertigung an.

Vorherrschend sind im Moment jedoch Insellösungen für die einzelnen Produktlebensphasen. An dieser Stelle seien lediglich die gängigsten Oberbegriffe erwähnt:

- CAP-Systeme für die Planungsphase,
- Finite-Element-Systeme für die Analysephase,
- CAM-Systeme für die Fertigungsphase,
- CAQ-Systeme für die Ablieferungs- und Wartungsphase.

Die Berücksichtigung des Lebenszyklus eines Produktes in dem Konzept des Produktmodells führt somit über das gegenwärtige Selbstverständnis von CAD-Systemen und auch kombinierten CAD/CAM-Systemen hinaus. Ein solches Konzept wird die Basis für zukünftige CIM-Systeme sein.

Als eine in Zukunft an Bedeutung gewinnende sechste Phase des Produktlebenszyklus könnte noch zusätzlich die sogenannte Wiederverwertung (Recycling) aufgenommen werden.

6.2 Produktklassen

Produkte im Sinne des Produktmodells sind reale, dreidimensionale Objekte. Insbesondere sind sie materielle Gegenstände, die zu irgendeinem Zeitpunkt hergestellt bzw. "produziert" werden können oder sollen.

Die verschiedenen Arten von anwendungsangepassten CAD-Systemen lassen erkennen, daß es eine Vielzahl von Produktklassen gibt. Als eine unvollständige Liste von Produktklassen seien an dieser Stelle die Produkte aus den folgenden Bereichen genannt:

- Karosseriebau,
- Maschinenbau,
- Architektur,
- Schiffbau,
- Elektrik,
- Elektronik,
- Industrie-Design.

Den unterschiedlichen Produktklassen liegen unterschiedliche Anforderungen und Nebenbedingungen zugrunde. Dies führt zu unterschiedlichen Methoden, Techniken und Verfahren, die bei der Herstellung des entsprechenden Produktes berücksichtigt werden müssen. Diese Unterschiede manifestieren sich deutlich in den produktklassenangepassten CAD-Systemen. Die Benutzungsoberflächen und Modellierungstechniken in CAD-Systemen für verschiedene Produktklassen, z.B. Karosseriebau oder Elektronik, lassen nur grundlegende Gemeinsamkeiten erkennen.

Selbstverständlich existieren nicht nur "reine" Produkte, die speziell einer Produktklasse zugeordnet werden können. So verbindet z.B. das Produkt Automobil die Teilprodukte Autokarosserie, Scheinwerferelektrik und Motor, wobei nicht alle Teilprodukte des Automobils erwähnt wurden, und die Teilprodukte selbst in weitere Teil-Teilprodukte getrennt werden können. Die Abstraktionstiefe bei der Betrachtung eines Produktes bestimmt entscheidend die Anzahl der zu berücksichtigenden Disziplinen. Im allgemeinen vereinigt ein komplexes Produkt eine Vielzahl von untereinander abhängigen Produktklassen und Teilproduktklassen.

Die rechnergestützte Integration von Teilprodukten aus verschiedenen Produktklassen in ein umfassendes Produkt bereitet in der industriellen Praxis große Schwierigkeiten. Die rechnerinternen Modelle von heutigen CAD-Systemen unterstützen nur wenige Produktklassen. Desweiteren bieten sie keine neutralen Schnittstellen an, mit dessen Hilfe die relevanten Daten eines Teilprodukts an das für das folgende Teilprodukt zuständige CAD-System übergeben werden können. Das Konzept des Produktmodells kann auch zur Lösung dieses Problems beitragen.

Die am Anfang dieses Kapitels vorgenommene Bindung des substantivischen Begriffes "Produkt" an das Verb "produzieren" führte zu einer Einschränkung der resultierenden Produktklassen, wie sie im Kontext dieses Buches beabsichtigt ist. Weitergehende Definitionen verstehen unter Produkten alle verkaufbaren materiellen oder immateriellen Warenangebote, wie z.B.:

- Dienstleistungen,
- Software,
- Informationen.

Diese Dehnung des Produktbegriffes im Zusammenhang von CAD, CAM oder CIM über nicht fertigungstechnisch produzierbare Objekte hinaus ist an dieser Stelle mit Absicht unterlassen worden (siehe auch [MÄN89]).

6.3 Produkteigenschaften

Zu jeder Phase des Lebenszyklus befindet sich ein Produkt aus einer beliebigen Produktklasse in einem wohldefinierten Zustand. Dabei wird jeweils eine bestimmte Menge von Informationen berücksichtigt, die eine oder mehrere technologische Produkteigenschaften beschreiben. Solche technologischen Produkteigenschaften sind z.B.:

- Gestalt,
- Formelemente,
- Norm- und Wiederholteile,
- Baugruppen,
- Kinematik,
- Farben,
- Materialien,
- Festigkeiten,
- Oberflächengüten,
- Toleranzen.

Diese unterschiedlichen Produkteigenschaften sind nicht in allen Phasen des Lebenszyklus von gleicher Wichtigkeit. Einige können in manchen Phasen ganz vernachlässigt werden, während andere in mehreren Phasen mit möglicherweise unterschiedlichem Detaillierungsgrad berücksichtigt werden müssen. Die Produktgestalt z.B. legt eine grundlegende Eigenschaft fest, die in allen Phasen des Lebenszyklus bekannt sein muß, wobei jede Phase ihre eigene Betrachtungsweise der Produktgestalt besitzt.

6.4 Produktpräsentation

Es wäre sehr zeit- und materialaufwendig, das Produkt stets in der realen Welt zu modellieren und zur Produktionsreife zu führen. In einem ersten wesentlichen Abstraktionsschritt ist es üblich, den zu fertigenden Gegenstand in einer durch Absprache bekannten und verständlichen Darstellung zu präsentieren.

Jeder Phase oder Teilphase des Lebenszyklus eines Produktes können eine oder mehrere Präsentationsformen unter Berücksichtigung verschiedener Produkteigenschaften zugeordnet werden. Als Beispiele seien hier die technische Zeichnung und die zentralperspektivische Darstellung eines vor der Fertigung stehenden Produktes zu nennen [KLE89a]. Die technische Zeichnung ist eine maßstabsgetreue Präsentation des Produktes für die Werkstatt eines Unternehmens, die eine wohldefinierte zweidimensionale Ansicht oder einen Schnitt durch die Gestalt darstellt und z.B. die Material- und Toleranzeigenschaften symbolisch beschreibt und auch Stücklisten enthalten kann. Die zentralperspektivische Darstellung auf Hochglanzkarton oder gar eine Animation auf Videoband sind Präsentationen, die bei der Entscheidungsfindung über das zu fertigende Produkt behilflich sein können und eine möglichst realitätsnahe schattierte Visualisierung der Produktgestalt und der sichtbaren Material- und Oberflächeneigenschaften sowie der Kinematik beinhalten.

In den anderen Phasen des Lebenszyklus werden hiervon verschiedene Produktpräsentationen verwendet. Eine grobe Handskizze z.B. kann ganz zu Anfang des Entwurfs stehen, wenn in der Teilphase der Ideenfindung die Kontur der Gestalt sowie Farben und Materialien des zukünftigen Produktes angedeutet werden.

Die auf dem Bildschirm erscheinenden Bahnen einer Fräsmaschine stellen hingegen eine Präsentation der dreidimensionale Produktgestalt für die numerisch gesteuerte Fertigung dar. Dabei werden die Material- und Toleranzeigenschaften ebenfalls berücksichtigt. Darüber hinaus gibt es auch textuelle Präsentationsformen, z.B. zur technischen Dokumentation, der Produktinformationen.

Selbstverständlich gibt es weitaus mehr Möglichkeiten der Produktpräsentation als oben aufgeführt. Jede nach wohldefinierten Regeln vorgenommene Abstraktion, die den Anwendern eine Hilfestellung und eine möglichst klare Veranschaulichung der relevanten Produkteigenschaften gibt, ist zulässig. In der industriellen Praxis ist die Anzahl der verwendeten und miteinander nutzbaren Präsentationsformen jedoch beschränkt. Ursache hierfür ist das von allen Benutzern geforderte Wissen über das Erstellen und Verstehen einer Produktpräsentation in Bezug zu den Produktmodelldaten selbst. Sämtliche Produktklassen bzw. die zugrunde liegenden ingenieurmäßigen Disziplinen haben im Laufe ihres Bestehens Methoden entwickelt, um in diesen teilweise recht komplexen Präsentationsformen ihre herzustellenden Produkte beschreiben zu können.

6.5 Referenzbild des Produktmodells

Ein Produktmodell ist somit ein Informationsmodell, das ein Produkt aus einer oder mehreren Produktklassen während dessen gesamten Lebenszyklus durch die vorhandenen Produkteigenschaften beschreibt und die Verbindung zu der gewünschten Produktpräsentation gewährleistet.

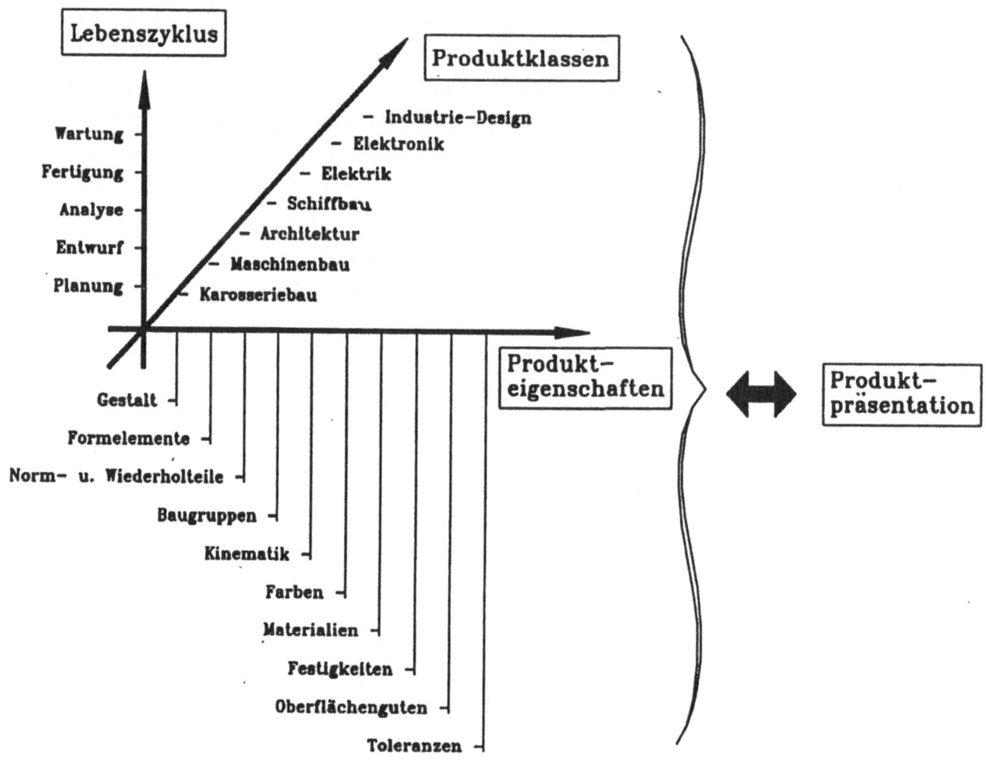

Abb. 6.1. Referenzbild des Produktmodells

Die Struktur des Produktmodells wird durch das Referenzbild in Abb. 6.1 angedeutet. Dabei bilden die drei logischen Größen:

- Produkteigenschaften,
- Produktklassen und
- Lebenszyklus

die voneinander unabhängigen Achsen eines dreidimensionalen Koordinatensystems. Aus den darin enthaltenen reinen Produktinformationen wird eine: Produktpräsentation zur Unterstützung der menschlichen Anschauung abgeleitet. Die Definition oder die sogenannte Modellierung der reinen Produktinformationen selbst erfolgt graphisch-interaktiv unter Verwendung einer geeignet konfigurierten Benutzungsoberfläche in einigen wenigen, durch den Benutzer ausgewählten Präsentationsformen. Daher befindet sich ein Doppelpfeil zwischen dem dreidimensionalen Koordinatensystem der reinen Produktinformationen auf der einen Seite und den Informationen zur Produktpräsentation auf der anderen.

6.6 Der modulare Aufbau des Produktmodells

Das Referenzbild des Produktmodells läßt erkennen, daß dieses im Prinzip einfach modularisiert werden kann. Die Rasterung des dreidimensionalen Koordinatensystems der reinen Produktinformationen erzeugt Module, die genau eine Eigenschaft eines Produktes einer bestimmten Klasse während einer Phase des Lebenszyklus beschreiben.

In dieser strengen Form läßt sich die Modularisierung jedoch nicht durchgängig vornehmen:

- da einige Produkteigenschaften auf anderen aufbauen und diese ergänzen (z.B. sind Form- und Lagetoleranzen eng mit der Produktgestalt verknüpft),
- da manche Produkte produktklassenübergreifend sind,
- da die Phasen und Teilphasen des Produktlebenszyklus häufige Rekursionen aufweisen.

Dennoch bietet diese rasterartige Modularisierung des Produktmodells einen Ansatz für die:

- Partitionierung,
- weitestgehende Entkopplung,
- Strukturierung der Produktinformationen.

Eine weitere wesentliche Modularisierung stellt die Entkopplung der reinen Produktinformationen von den assoziierten Präsentationsinformationen dar [KLE88]. Das bedeutet z.B., daß die Präsentationsfarbe eines Produktes – die durchaus von der definierten Produktfarbe verschieden sein kann – nicht Bestandteil der entsprechenden geometrischen Elemente der Produktgestalt ist, sondern diesen lediglich für Präsentationszwecke kurzfristig je nach Präsentationsform zugeordnet wird.

Ein großes Problem bei der Modularisierung und generell bei der Verwirklichung des Produktmodellkonzeptes stellt die Konsistenz der unterschiedlichen Produktpräsentationen bezüglich den zugrundeliegenden reinen Produktinformationen dar [COU87]. Da z.B. die automatische Ableitung einer technischen Zeichnung als eine spezielle Präsentationsform des Produktmodells heute noch nicht ohne weiteres möglich ist, können auch nicht automatisch alle Änderungen in der technischen Zeichnung entsprechende Änderungen im Produktmodell bewirken. Die vollständige Assoziativität zwischen reiner Produktinformation und Produktpräsentation ist jedoch Voraussetzung für die Gewährleistung einer konsistenten Produktbeschreibung durch das Produktmodell, und muß in dem obigen Beispiel der technischen Zeichnung durch die Mithilfe des Designers wiederhergestellt werden [BJÖ89].

Insgesamt ermöglicht die Modularisierung des Produktmodells die gezielte Auswahl und Kombination von Modulen zu Teilmodellen. Diese Teilmodelle können häufig benötigte Teilmengen des Produktmodells erfassen, ohne alle Details berücksichtigen zu müssen. Die Definition von Teilmodellen kann am leichtesten entlang der drei Achsrichtungen des Produktmodellkoordinatensystems (siehe Abb. 6.1) stattfinden. Dadurch entstehen Teilmodelle, die die Informationen für bestimmte Produktklassen, Produkteigenschaften oder ausgewählte Phasen des Lebenszyklus gebündelt zusammenfassen.

6.7 Die formale Spezifikation des Produktmodells

Der effiziente Einsatz des Produktmodells in einer Rechnerumgebung erfordert zunächst die Spezifikation der großen Anzahl der enthaltenen Informationselemente. Aus diesem spezifiziertem Informationsmodell kann in einem nächsten Schritt ein rechnerinternes Datenmodell gewonnen werden, das die Datenstrukturen und die notwendigen Restriktionen enthält, auf denen die produktspezifischen Operationen in entsprechender digitaler Form ausgeführt werden können. Dieses Datenmodell stellt dann eine Realisierung des semantischen Inhalts des Produktmodells für die rechnergestützte Bearbeitung eines Produktes dar [WEN89].

Die Spezifikation der statischen, deskriptiven Informationselemente der verschiedenen Module sowie des vollständigen Produktmodells kann auf unterschiedliche Art und Weise erfolgen. Naheliegend ist die informelle Spezifikation der Information mit Worten. Dabei erläutert eine menschliche Sprache, z.B. deutsch oder ungarisch, Ziel und Zweck einer bestimmten Produktinformation und bettet den Inhalt in einen umgebenden Kontext ein. Die Herleitung des korrespondierenden rechnerinternen Datenmodells ist von dieser informellen Beschreibung entkoppelt und erfolgt parallel dazu direkt auf physikalischer Ebene. Dieser Weg wurde bei der Definition der Austauschnormen CGM, IGES, SET, VDAFS und EDIF beschritten.

Bei der formalen Spezifikation gibt es zunächst die Möglichkeit der graphisch-symbolischen Spezifikation der Informationsstrukturen [GRA89]. Breitere Anwendung haben hierbei die Methoden IDEF1X [WIL88] und EXPRESS-G [SCH91] erlangt. Diese graphisch-symbolischen Spezifikationsmethoden sind sehr gut geeignet, um die Zusammenhänge zwischen den verschiedenen statischen Informationselementen zu veranschaulichen. Sie werden auch bei der Entwicklung der Austauschnorm STEP eingesetzt. Ihr gravierender Nachteil ist jedoch, daß es im Moment noch keine computergesteuerten Werkzeuge gibt, die aus solchen Graphiken automatisch Datenmodelle herleiten können.

Die formale Spezifikation eines Informationsmodells muß deswegen in einer maschinenverständlichen Sprache erfolgen. Insbesondere im Rahmen der Entwicklung von neutralen Formaten zum Austausch von CAD-Modellen wurden und werden in dieser Richtung Arbeiten unternommen. Zu erwähnen ist neben EXPRESS, das, wie bereits erwähnt, begleitend zum internationalen Normungsprojekt STEP entwickelt wird, HDSL (High Level Data Specification Language), das im europäischen CAD*I-Projekt [SCH86a] verwendet wurde. Diese formalen Spezifikationssprachen sind sehr gut geeignet, um die deskriptiven Sachverhalte eines bestimmten Informationselementes zu erfassen und hierarchische Strukturen mit Geltungsbereichen und Nebenbedingungen aufzubauen.

Die dynamischen oder funktionalen Vorgänge hingegen, die einem Informationselement als sogenannte Methoden zugeordnet werden können, können mit HDSL und EXPRESS nicht ausgedrückt werden. Somit können beide Sprachen nicht vollständig den objektorientierten Sprachen zugeordnet werden [LOO87]. Doch gibt es zumindestens für EXPRESS Erweiterungsvorschläge, um numerische Ausdrücke und andere Operationen in den Sprachumfang zu integrieren [SHA89]. Bei der Definition eines Informationsmodells für den Datenaustausch, wofür diese Spezifikationssprachen verwendet werden, ist der statische Teil der Informationen von größerer Bedeutung. Die Strukturierung sowie der Aufbau der Informationselemente werden durch frei definierbare, restriktierbare und auch ableitbare Attribute beschrieben. Abschließend wird vom empfangenden CAD-System vorausgesetzt, daß es zum einen die ankommenden Elemente erkennt und zum anderen das notwendige Wissen besitzt, um diese in der eigenen Systemumgebung korrekt dynamisch weiterverarbeiten zu können.

Auf die Spezifikation der dynamischen Aspekte der Informationselemente wird bei den funktionalen Normen der Computer-Graphik GKS, GKS-3D und PHIGS besonderer Wert gelegt, sowie mit Einschränkungen auch in der Norm des CAD-Bereichs VDAPS. Die Einbindung von graphisch-interaktiven Unterprogrammen aus Programmbibliotheken in beliebige Anwendungsprogramme, z.B. zur Präsentation der Produktinformationen, erfordert von den graphischen Elementen ein genau festgelegtes, stets identisches Verhalten. Dies muß durch die funktionalen Graphiknormen sichergestellt werden. Allerdings sind die enthaltenen Funktionsaufrufe lediglich informell spezifiziert. Zudem ist die Anzahl der Informationselemente und deren Strukturierbarkeit, d.h. der statische Anteil des Informationsmodells, in diesen funktionalen Normen relativ gering.

Eine neuartige Möglichkeit der formalen Spezifikation sowohl der statischen als auch der dynamischen Aspekte eines Informationsmodells ist durch die Verwendung von algebraischen Datentypen und einer abstrakten Datenstrukturmaschine gegeben [BRÄ89]. Allerdings liegen mit dieser Methode noch keine Erfahrungswerte vor, die in der Größenordnung z.B. des in diesem Kapitel vorgestellten Produktmodells liegen.

7 Präsentation von Produktmodellen

In diesem Kapitel werden vom Verfasser dieses Buches die Ergebnisse aus den vorherigen Kapiteln in Beziehung zueinander gebracht und letztendlich in einem Referenzgraphen detailliert dargestellt. Berücksichtigt sind darin die beiden grundlegenden Sachverhalte:

- Präsentation ist die Schnittstelle zwischen Computer-Graphik und CAD/CIM (siehe Abb. 3.3),
- Präsentation ist Bestandteil des Produktmodells (siehe Abb. 6.1).

Bei der Untersuchung der Beziehungen der einzelnen technischen Produkteigenschaften untereinander, kann sofort eine sehr engmaschige Vernetzung konstatiert werden. Unter diesen verschiedenen Produkteigenschaften, die in ihrer Gesamtheit eine unabhängige Achse im Produktmodellkonzept bilden, sind prinzipiell alle gleichberechtigt. Keine Produkteigenschaft ist vom Informationsgehalt her gesehen bedeutender als eine andere, und somit können a priori Konfliktsituationen mit sich widersprechenden Eigenschaften ohne eine genaue Kenntnis der Modellierungssituation nicht gelöst werden. Keiner Eigenschaft kann daher im voraus die Priorität ihrer Informationen entlang der Eigenschaftenachse zugeteilt werden. Eine Priorisierung der Produkteigenschaften kann lediglich lokal unter Berücksichtigung des globalen Zusammenhangs im Produktmodell erfolgen. Diese Prioriätswerte sind dann allerdings nur für einen ganz bestimmten Zeitpunkt im Produktlebenszyklus und für eine fest vorgegebene Produktklassenzugehörigkeit gültig.

Diese ideelle Gleichbehandlung der einzelnen Komponenten des Produktmodells ist nicht ohne weiteres in der konkreten Modellierungswirklichkeit wiederzufinden. Einen unmittelbaren Einfluß besitzen zusätzlich die gegenwärtig vorhandenen oder in Zukunft realisierbaren Modellierungsmethoden. Generell haben sich die Möglichkeiten der Modellentwicklung im Laufe der Jahre ständig verfeinert, wobei drei qualitativ unterschiedliche Methoden festzustellen sind:

- zeichnungsorientierte Vorgehensweise,
- gestaltsorientierte Vorgehensweise,
- regelbasierte Vorgehensweise.

Die zeichnungsorientierte Produktmodellierung versucht die Praktiken und Techniken bei der Erstellung von technischen Zeichnungen nachzubilden. Dabei gibt es keinen grundsätzlichen Unterschied zwischen der Präsentation des Modells und dem Modell selbst. Modelle, die mit Hilfe einer zeichnungsorientierten Produktmodellierung erzeugt werden können, beinhalten Projektionen und Schnitte der Produktgestalt sowie Beschriftungen und Bemaßungen, die dem geübten menschlichen Betrachter der technischen Zeichnung weitere Produkteigenschaften, wie z.B. Toleranzen oder Stücklisten, symbolisieren. Obwohl die zeichnungsorientierte Modellierung nur zu einem semantisch sehr einfachen Produktmodell führt, ist sie gegenwärtig in der industriellen Anwendung am weitesten verbreitet.

Die gestaltsorientierte Produktmodellierung setzt die Definition der Produktgestalt in den Mittelpunkt der Bemühungen. Weitere Produkteigenschaften können zusätzlich hinzugefügt werden, indem sie auf die dreidimensionalen Produktgestalt verweisen, um diese zu ergänzen oder zu modifizieren. Die Präsentation solch eines Produktmodells erfordert für jede Produkteigenschaft eine oder mehrere Darstellungsvorschriften. Die gestaltsorientierte Modellierung führt zu semantisch höherwertigen Produktmodellen als die zeichnungsorientierte Modellierung. Die reinen Gestaltsmodellierer sind in der industriellen Anwendung ebenfalls weit verbreitet, jedoch ist die verarbeitungsgerechte Addition von weiteren Produkteigenschaften nicht zufriedenstellend gelöst.

Die regelbasierte Produktmodellierung ermöglicht die systeminterne Berechnung der Produktgestalt [SHI89]. Dabei werden die möglichen Produktgestalten gewonnen aus Vorgaben für eine ausgewählte Menge von Produkteigenschaften, wie z.B. Abmessungen, Formelemente, Toleranzen, sowie zusätzlichen vordefinierten Regeln. In gewisser Weise entspricht dies einer Umkehrung der gestaltsorientierten Modellierung. Die Präsentation erfordert auch in diesem Falle eine oder mehrere Darstellungsvorschriften für jede Produkteigenschaft. Die regelbasierte Produktmodellierung befindet sich gegenwärtig in der Erforschungsphase und stellt eine zukunftsorientierte Technologie dar [KIM89]. Mit Hilfe solch eines regelbasierten Ansatzes, der die Existenz von vordefinierten Regeln im Modellierer voraussetzt, kann die im Produktmodellkonzept bestehende Gleichberechtigung aller Produkteigenschaften verwirklicht werden.

Das im folgenden vorgestellte Präsentationsmodell ist auf die speziellen Anforderungen der zeichnungs- und gestaltsorientierten Modellierung in Kontext des Produktmodellkonzeptes ausgerichtet. Prinzipiell kann dieses Präsentationsmodell jedoch auch die regelbasierte Produktmodellierung unterstützen. Dabei ist der Kontext der zu präsentierenden Produkteigenschaften als die momentane Phase im Lebenszyklus eines Produktes einer bestimmten Klasse vorgegeben.

Konkrete Anwendung finden diese Konzepte in den Normungsbemühungen zu STEP, wo die Spezifikation eines separaten Präsentationsmoduls zur Visualisierung der auszutauschenden Produktmodelldaten angestrebt wird.

7.1 Präsentationsarten

Die Detaillierung der einzelnen Darstellungsvorschriften, die für die Präsentation der unterschiedlichen Produkteigenschaften eines Produktmodells verwendet werden können, erfordert zunächst Kenntnis über die prinzipiellen Möglichkeiten der Präsentationen selbst. Dabei lassen sich zwei grundlegend verschiedene Arten der Darstellung feststellen (siehe Abb. 7.1):

- realitätstreue bzw. realitätsimitierende Darstellungen,
- symbolische Darstellungen.

Von beiden Darstellungsarten wird in der Produktmodellierung mit Hilfe von CAD-Systemen Gebrauch gemacht. Häufig geschieht dies sogar gleichzeitig, indem beide Darstellungsarten auf einer einzigen Darstellungsfläche gemischt auftreten. Die zeichnungsorientierte Produktmodellierung ist dabei eher auf symbolische Darstellungen ausgerichtet, wie z.B.:

- Schraffuren für Schnittflächen,
- Spezialzeichen für gewünschte Materialeigenschaften,

während die gestaltsorientierte Produktmodellierung im Vergleich dazu eher realitätstreue Darstellungen benutzt, wie z.B.:

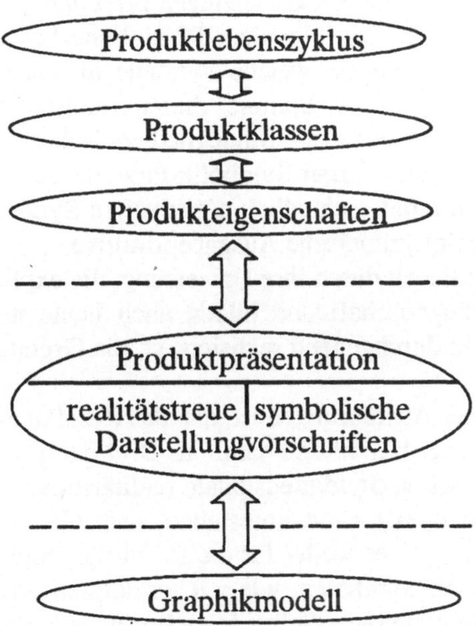

Abb. 7.1. Grundlegende Darstellungsarten in der Präsentation

– Ausblendung verdeckter Kanten und Flächen,
– Schattierungsberechnungen für Oberflächen.

Die Klasse der realitätstreuen Darstellungsvorschriften stellt die Verbindung zwischen den Produkteigenschaften und deren realitätstreuen Präsentationen her (siehe Abb. 7.2). Das wichtigste Beispiel für solch eine verbindende Vorschrift ist das synthetische Kameramodell, das unter anderem angibt, welcher Projektionspunkt und welche Projektionsebene zur Generierung der Präsentation verwendet werden müssen. Doch auch allen anderen Darstellungsvorschriften dieser Klasse liegen mathematische und physikalische Gesetzmäßigkeiten zugrunde, die als entsprechende Darstellungsalgorithmen formuliert sind. Die Gesamtheit dieser Naturgesetze stellt das erste Präsentations-Bindeglied zwischen Produktmodell und Graphikmodell dar und wird fortan Realitäts-Pipeline genannt. Die realitätstreue Darstellung von einigen Eigenschaften erfordert die Existenz von neuartigen graphischen Ausgabeprimitiven für sehr fein strukturierte, stochastische und deformierbare Produktgestalten sowie die Berücksichtigung der Zeitachse für Bewegungen.

Das Ziel solch einer realitätstreuen Darstellung ist die Ermöglichung eines äußeren Gesamteindrucks und nicht die explizite und exakte Vermittlung der Produkteigenschaften.

Die zweite grundlegende Art von Darstellungsvorschriften beinhaltet solche, die eine Umsetzung der Produkteigenschaften in eine jeweilige Symbolik vornehmen. Die Graphik eines zu verwendenden Symbols läßt sich dabei nicht durch das Lösen von mathematischen oder physikalischen Gleichungen berechnen, sondern ist durch Vereinbarungen vorbestimmt. Die Ingenieur-Disziplinen besitzen eine Fülle von Regeln und Normen, die besagen, welche Symbole in welchem Produktmodellkontext zu verwenden sind. Die Summe dieser traditionellen Regeln und Normen stellt das zweite Präsentations-Bindeglied zwischen Produktmodell und Graphikmodell dar und wird fortan Symbolik-Pipeline genannt. Die effektive Darstellung dieser Fülle von unterschiedlich aufgebauten Symbolen erfordert die Unterstützung durch neuartige graphische Ausgabeprimitive.

Symbolische Darstellungen ermöglichen durch ihre Umsetzung, die explizite Visualisierung der jeweiligen Produkteigenschaft und bilden auch heute noch, solange das Produktmodellkonzept nicht durchgehend realisiert ist, die Grundlage für die Fertigung.

Eine bedeutende Konsequenz dieser Ausführungen ist, daß das Resultat einer Präsentation stets die Dimensionalität zwei besitzt und damit als Bild interpretiert werden kann. Zwar gibt es heutzutage schon dreidimensionale realitätstreue Darstellungsmöglichkeiten für volumenorientierte Produktgestalten, wie z.B. Holographie oder Stereo-Litographie. Jedoch gibt es weder für die Definition noch für die Visualisierung von dreidimensionalen Symbolen, wie z.B. dreidimensionaler Text, eine sinnvolle und allgemeine Methodologie. Selbst fortschrittliche Systeme können lediglich zweidimensionale planare Symbole, wie z.B. Bemaßungen, auf Ebenen im Raum, relativ zur Produktgestalt positionieren.

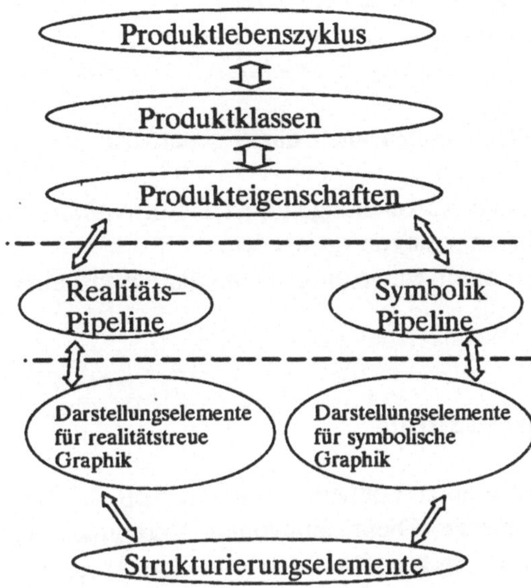

Abb. 7.2. Präsentations-Pipelines mit Anschlußpunkten

Ein weiteres bedeutendes Ergebnis der obigen Überlegungen ist, daß die Computer-Graphik-Seite der Präsentationsschnittstelle Ausgabeelemente und Ausgabeattribute für beide Darstellungsarten bereitstellen oder erzeugen können muß. Zusätzlich sind strukturierende Elemente und Attribute notwendig, die es erlauben, Beziehungen zwischen den verschiedenen Ausgabeelementen und -attributen zu erfassen und dadurch höherwertige Darstellungsstrukturen aufzubauen. Eine Hauptaufgabe ist dabei, die Erhaltung der Assoziativität zwischen Produkteigenschaften auch in der Darstellung, falls diese gemischt, d.h. teils realitätstreu teils symbolisch, visualisiert werden. Als einfaches Beispiel möge hierfür die Positionierung eines Materialsymbols in Abhängigkeit der projizierten Produktgestalt stehen. Dies bedeutet insbesondere, daß die konkrete Realitäts- und Symbolik-Pipelines in einer gemischten Präsentation genau aufeinander abgestimmt sein müssen.

Abschließend ist zu bemerken, daß die Produkteigenschaften selbst nicht unterschieden werden können in solche, die nur realitätstreu, und in solche, die nur symbolisch dargestellt werden können. Prinzipiell können alle Eigenschaften bzw. ihre Auswirkungen sowohl realitätstreu als auch symbolisch visualisiert werden. Die Wahl wird bestimmt durch die Erfordernisse des Produktmodellkontext. Einige Beispiele mögen dies belegen:

- Gestalten von Schrauben, Türen, Badewannen, usw. werden in technischen Zeichnungen häufig vereinfachend symbolisch dargestellt,
- zusammengehörige Baugruppen können durch die Verwendung einer gleichen Farbe oder identischer Beschriftungen symbolisch gekennzeichnet werden,
- Materialien und Oberflächengüten können auch durch schattierte realitätstreue Darstellungen angedeutet werden,
- Toleranzen können durch zulässige Abweichungen oder Deformationen der nominellen Produktgestalt realitätstreu angezeigt werden,
- Kinematische Strukturen können durch Bewegungen realitätstreu visualisiert werden.

7.2 Konkretisierung der Präsentation

Um das Referenzbild weiter konkretisieren zu können, werden in Abb. 7.2 einige vereinfachende Randbedingungen gesetzt. Diese sinnvollen Vereinfachungen basieren auf dem heutigen Stand der Technik und auf den aktuellen Anforderungen beim Austausch von Produktmodelldaten. Dadurch wird die detaillierte Spezifikation eines vom Umfang begrenzten Präsentationsmodells ermöglicht, und damit die Zweckmäßigkeit des neuartigen Präsentationskonzeptes im Rahmen des Produktmodells demonstriert.

Im früher bereits beschriebenen STEP-Projekt sind die folgenden wichtigen Produkteigenschaften identifiziert worden:

- Gestalt,
- Formelemente,
- Normteile,
- Toleranzen,
- Materialien.

In Abb. 7.3 sind die für die obigen Produkteigenschaften zu verwendenden Darstellungsarten dieser reduzierten Produktpräsentation eingezeichnet. Die *Realitäts-Pipeline* beinhaltet keine stochastischen oder zeitlichen Komponenten sondern lediglich Projektionen sowie Beleuchtungen, Reflektionen und Schattierungen analog zu den Fähigkeiten der gegenwärtigen graphischen Normen. Die Darstellungselemente der realitätstreuen Graphik sind demzufolge gebräuchliche Basisgeometrien, wie sie z.B. in den Normen der Computer-Graphik definiert sind.

Die *Symbolik-Pipeline* erlaubt die Positionierung der erzeugten Annotationen im zwei- oder dreidimensionalen Raum, wobei diese an drei verschiedenen Stellen mit der Realitäts-Pipeline verknüpft werden können. Die zu verwendenden Darstellungselemente der symbolischen Graphik setzen sich aus einer fest gewählten Menge von Annotationsprimitiven zusammen, die allesamt planar definiert sind.

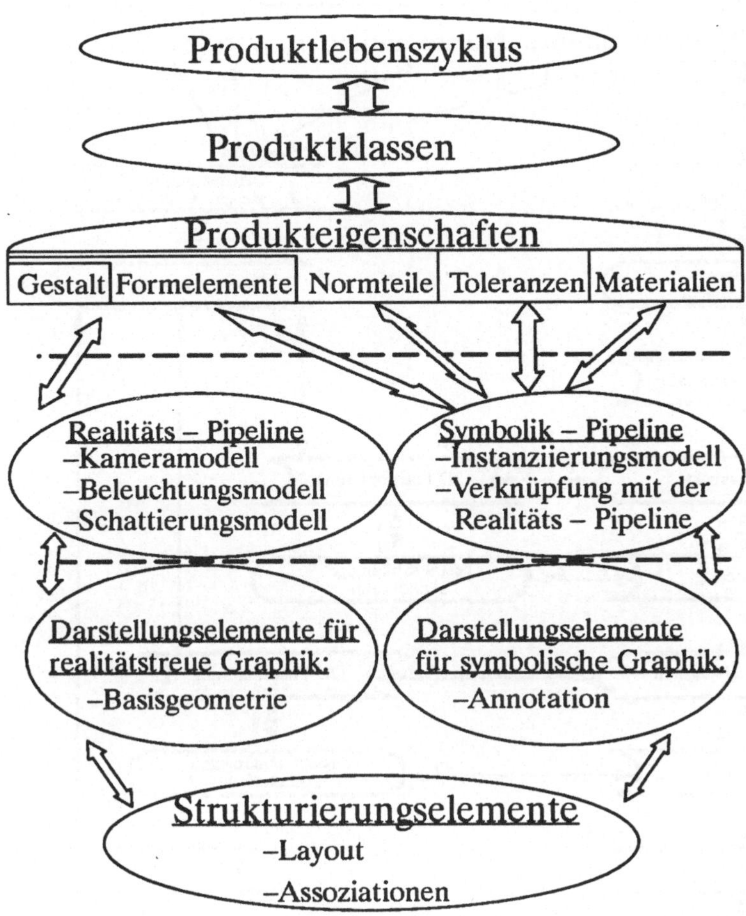

Abb. 7.3. Referenzbild der Präsentation

Die *Strukturierungselemente* erlauben die Erstellung eines hierarchisch gegliederten Layouts der virtuellen Darstellungsfläche sowie die Assoziierung von realitätstreuen und symbolischen Darstellungselementen auf verschiedenen Ebenen der Layout-Hierarchie.

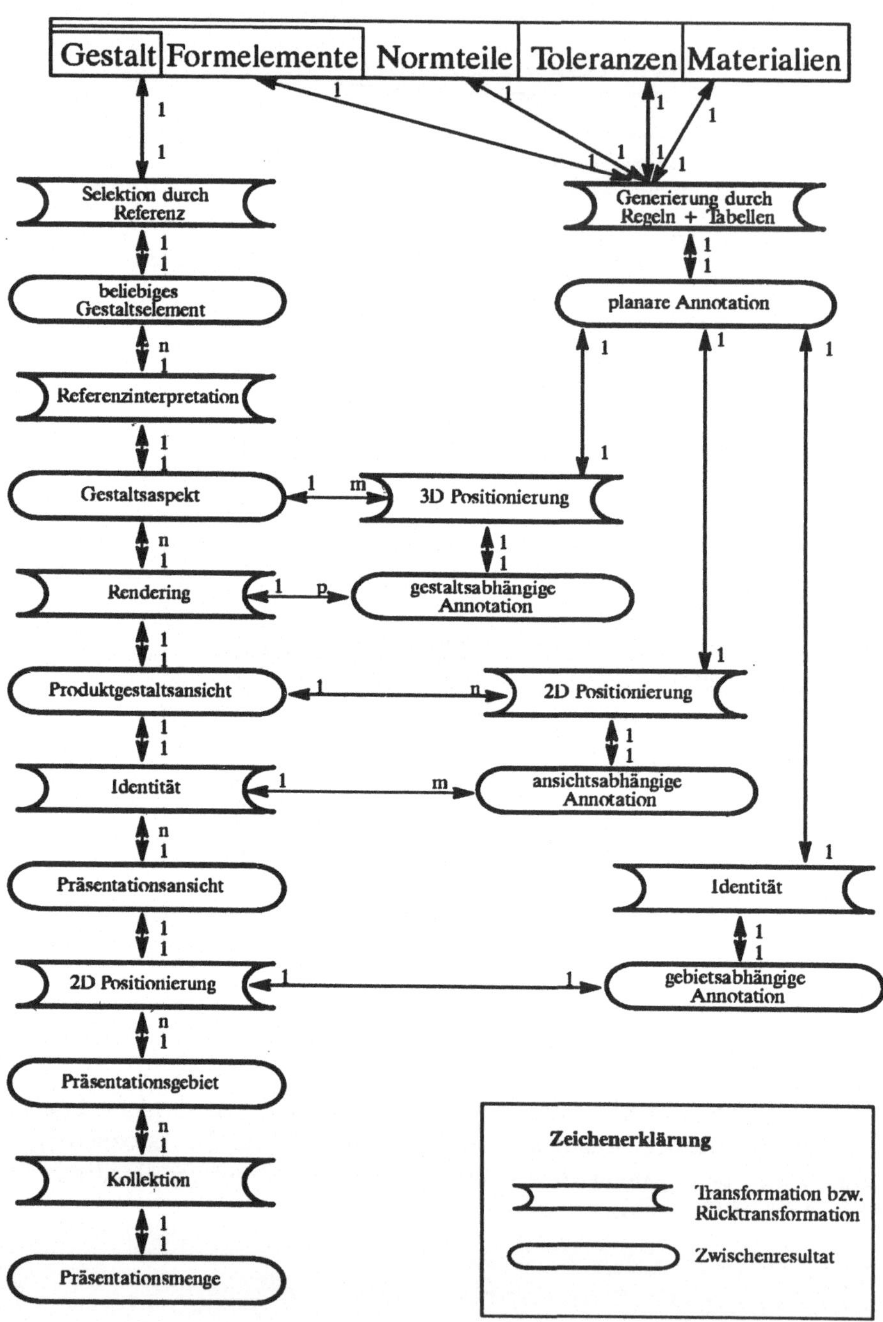

Abb. 7.4. Referenzgraph der Präsentation

7.3 Referenzgraph der Präsentation

Eine weitere Detaillierung der Darstellung der notwendigen Transformationen sowie der konzeptionellen Zwischenzustände der Präsentation wird in dem Referenzgraphen in Abb. 7.4 gegeben. Durch die inversen Transformationen, bzw. durch Speicherung der Operanden, ist es stets möglich, den Referenzgraphen sowohl von oben nach unten als auch von unten nach oben zu durchlaufen. Dies wird durch die Doppelpfeile zwischen den einzelnen Begriffen angedeutet. Dabei sind die Transformationen und die Zwischenzustände abwechselnd angeordnet, wobei natürliche Zahlen die jeweilige Kardinalitätsbeziehungen zwischen den Begriffen herstellen. Somit führt jede Transformationsinformation, oder deren Inverse, bei Anwendung auf den vorherigen Zwischenzustand zu einem neuen, nachfolgenden Zwischenzustand. Eine nachfolgende Transformation, bzw. deren Inverse, ist stets als diejenige Operation anzusehen, die auf den augenblicklich betrachteten Zwischenzustand anzuwenden ist. Dieser Referenzgraph zeigt weiterhin:

- den Mechanismus, der die Realitäts- und die Symbolik-Pipelines mit den verschiedenen Produkteigenschaften des Produktmodells verbindet,
- die Vernetzung der Realitäts- und Symbolik-Pipelines untereinander.

Um die bildliche Darstellung nicht zu überladen, zeigt dieser Referenzgraph nicht:

- wie die Kontrolle der Attributierung und der Sichtbarkeit erfolgt,
- welche strukturierenden Elemente im unteren Bereich des Graphen mit Elementen des Graphikmodells assoziiert sind.

8 Bestandteile der Präsentation

In diesem Kapitel werden die vom Verfasser dieses Buches für notwendig erachteten Elemente und Mechanismen der Präsentation zusammengestellt und erläutert. Als Leitfaden dienen hierbei die Begriffe des Referenzgraphen, wobei auch auf die aus Übersichtlichkeitsgründen dort nicht enthaltenen eingegangen wird.

8.1 Realitätstreue Darstellungselemente

Alle beliebigen Informationseinheiten einer Produktgestalt können in die Realitäts-Pipeline aufgenommen werden, um daraus die durch die Präsentation darzustellenden zweidimensionalen geometrischen Objekte zu gewinnen. Dazu muß ein Assoziationselement definiert werden, das jede:

- geometrische,
- topologische,
- körperbeschreibende

Informationseinheit der Produktgestalt referenzieren können muß. Deswegen kann ein solches Assoziationselement in der Präsentation "beliebiges Produktgestaltselement" genannt werden.

Die durch die Referenzierung durch solch ein beliebiges Produktgestaltselement selektierte Produktgestalt selbst stellt die kleinste Einheit, ein sogenanntes Primitivelement bezüglich der Realitäts-Pipeline dar. Alle enthaltenen Bestandteile des beliebigen Produktgestaltselementes werden mit der gleichen Menge von Präsentationsattributen verbunden. Die durch das Assoziationselement ausgewählte Produktgestalt wird in so viele Bestandteile zerlegt, wie es die gleichförmige Behandlung im Präsentationsprozeß erfordert. Jedes beliebige Produktgestaltselement oder auch die enthaltenen Bestandteile können selbstverständlich mehrmals in der Realitäts-Pipeline verwendet werden, und dadurch in beliebig vielen Ansichten auf einer oder mehreren virtuellen Darstellungsflächen erscheinen.

Als wichtige Eigenschaft der Realitäts-Pipeline ist festzuhalten, daß die darzustellenden zweidimensionalen geometrischen Objekte selbst nicht enthalten sind, sondern lediglich ausgewählte Original-Produktgestalten referenziert werden. Diese müssen die assoziierte Realitäts-Pipeline durchlaufen. Die darin enthaltenen Punkte, Kurven und Flächen werden mit Hilfe der im folgenden beschriebenen Attributbündel sowie den Transformationen des Unterkapitels 8.2 visualisiert.

8.1.1 Attributbündel

Für die visuelle Präsentation der Bestandteile eines beliebigen Produktgestaltselementes können die folgenden drei Klassen von Attributmengen unterschieden werden:

- Punktstilbündel (point style),
- Kurvenstilbündel (curve style),
- Flächenstilbündel (surface style).

Diese Attributbündel können bei Bedarf direkt an ein beliebiges Produktgestaltselement oder an strukturiertere, logisch höherwertigere Elemente der Präsentation hinzugebunden werden.

Jedes Bündel besteht aus einer Liste von unterschiedlichen Attributen, die die graphische Darstellung der entsprechenden Bestandteile der Produktgestalt am Ende der Realitäts-Pipeline bestimmen.

8.1.1.1 Punktstilbündel

Das Punktstilbündel dient zur Visualisierung von punktförmigen Bestandteilen der Produktgestalt. Diese Punkte werden nach Durchlaufen der Realitäts-Pipeline von dem graphischen System als Polymarken dargestellt. Die einzelnen Attribute des Punktbündels entsprechen den Attributen von Polymarken in graphischen Systemen.

8.1.1.2 Kurvenstilbündel

Das Kurvenstilbündel dient zur Visualisierung von kurvenförmigen Bestandteilen der Produktgestalt. Diese Kurven werden nach Durchlaufen der Realitäts-Pipeline von dem graphischen System dargestellt, wobei die von den verschiedenen Graphiknormen zur Verfügung gestellten Kurvenprimitive unterschiedliche Fähigkeiten besitzen (z.B. Polygon oder B-Spline-Kurve) und häufig eine Approximation erfordern. Das Kurvenstilbündel der Präsentation muß drei Klassen von Anforderungen genügen und setzt sich somit aus drei Teilbündeln zusammen:

- allgemeines Kurventeilbündel (curve style general),
- flächiges Kurventeilbündel (curve style wide),
- gemustertes Kurventeilbündel (curve style pattern).

Das allgemeine Kurventeilbündel wird den meisten Darstellungsanforderungen genügen, wobei diese jedoch die Erzeugung der Sequenz des Strichtyps beinhalten und auch die Kontrolle der Kurvenenden und Kurvenecken benötigen. Diese Anforderungen gehen über die Möglichkeiten der Graphiknormen hinaus und müssen für diese, falls möglich, heruntergebrochen werden.

Das flächige Kurventeilbündel ist für die Darstellung von dicken Kurven notwendig, deren Außenkonturen sich vom Kurveninneren unterscheiden. Die Attribute dieses Teilbündels dürfen den Kurven erst am Ende der Realitäts-Pipeline zugewiesen werden, da sie andernfalls zu einem Flächenverhalten der Kurve, z.B. während des Kameramodells, führen würden.

Das gemusterte Kurventeilbündel ermöglicht die Darstellung eines sich wiederholenden Musters, z.B. eines Grasbüschels, entlang einer Kurve, wobei die Orientierung des Musters im lokalen Koordinatensystem des jeweiligen Assoziationspunktes der projizierten Kurve erfolgt.

8.1.1.3 Flächenstilbündel

Das Flächenstilbündel dient zur Visualisierung von flächenförmigen Bestandteilen der Produktgestalt. Diese Flächen werden nach Durchlaufen der Realitäts-Pipeline von dem graphischen System dargestellt, wobei die von den verschiedenen Graphiknormen zur Verfügung gestellten Flächenprimitive unterschiedliche Fähigkeiten besitzen und häufig eine Approximation erfordern. Das Flächenstilbündel der Präsentation muß beiden Seiten einer Fläche zugeordnet werden können. Dabei kann die Flächenseite in positiver Flächennormalenrichtung mit Hilfe eines anderen Flächenbündels visualisiert werden als die Flächenseite in negativer Flächennormalenrichtung. Das Flächenstilbündel selbst läßt sich in zwei Teilbündel unterscheiden, die den beiden prinzipiell verschiedenen Darstellungsmöglichkeiten einer Produktfläche entsprechen [SPU84]:

- kurvenartiges Flächenteilbündel (curved surface style),
- gefülltes Flächenteilbündel (filled surface style).

Das kurvenartige Flächenstilbündel bestimmt das Aussehen der Konturlinien und der Parameterlinien der Fläche mit Hilfe von Kurvenbündeln. Durch die Wahl der Dichte der Parameterlinien kann die Anzahl der Drahtlinien zur Gewinnung eines dreidimensionalen Eindrucks der Fläche kontrolliert werden. Dieses Flächenteilbündel geht über die Fähigkeiten der Graphiknormen hinaus und muß ebenfalls emuliert werden.

Das gefüllte Flächenteilbündel ermöglicht die schattierte Darstellung von Produktflächen, indem diesen Transparenz- und Reflektionsfaktoren zugeordnet werden. PHIGS-PLUS ist in der Lage, Attribute dieser Art direkt zu verarbeiten.

In einem erweiterten Präsentationsmodell könnte dem Flächenstilbündel ein Teilbündel zur Abbildung von Texturen auf Produktflächen hinzugefügt werden.

8.1.2 Attributvererbung in der Produktgestalt

Ein beliebiges Produktgestaltselement der Präsentation, das ein Primitivelement hinsichtlich der gleichförmigen Darstellung ist, kann komplex aufgebaut sein. Es würde den Vorteil der beliebigen Referenzierbarkeit der Produktgestaltselemente zerstören, falls die Attributzuweisung an die enthaltenen Punkt- , Kurven- und Flächenbestandteile einzeln erfolgen müßte. Deswegen verwendet die Präsentation zum Organisieren der Anbindungen der Attribute der verschiedenen Bündel an die entsprechenden Bestandteile der Produktgestalt das Prinzip der Attributvererbung. Dabei werden die Punkt- , Kurven- und Flächenstilbündel nur einmal direkt mit dem beliebigen Produktgestaltselement assoziiert und anschließend an jeweils alle entsprechenden Bestandteile vererbt. Der Weg der Vererbung ist durch die Hierarchie innerhalb der Produktgestalt selbst determiniert. Dies ist ein, von der Datenmenge her gesehen, äußerst effizienter Mechanismus.

8.1.3 Präsentation eines B-Rep-Körpermodells

Es können drei wichtige Arten von B-Rep-(Boundary Representation) Körpermodellen unterschieden werden. Diese sind in der Folge ihrer abnehmenden logischen Fähigkeiten:

- nicht-mannigfaltige B-Rep-Körpermodelle (non manifold solid B-Rep),
- mannigfaltige B-Rep-Körpermodelle (manifold solid B-Rep),
- facettierte B-Rep-Körpermodelle (facetted solid B-Rep).

Ein B-Rep-Körpermodell basiert auf Elementen der Produktgeometrie und Produkttopologie, die unter Verwendung von sogenannten Euler-Operatoren und unter Erfüllung der Gleichung von Euler zusammengefügt werden [WIL85]. Die wichtigsten, dabei Verwendung findenden topologischen Elemente für die Beschreibung der Beziehungen zwischen den Randelementen einer Produktgestalt lauten nach der Reihenfolge ihrer Komplexität geordnet:

- Schale (shell),
- Oberfläche (face),
- Schleife (loop),
- Pfad (path),
- Kante (edge),
- Knoten (vertex).

Drei dieser topologischen Elemente besitzen Assoziationen zu entsprechenden geometrischen Elementen:

- Oberflächen zu geometrischen Flächen (faces),
- Kanten zu geometrischen Kurven (curves),
- Knoten zu geometrischen Punkten (points).

Die in B-Rep orientierten Körpermodellierern üblichen geometrischen Flächen lauten:

- Ebene,
- Kugelfläche,
- Zylinderfläche,
- Kegelfläche,
- Torusfläche,
- Rotationsfläche [KLE89b],
- lineare Ziehfläche,
- Freiformfläche (Beziér oder sogar NURBS) [FAR88],
- Parallelfläche [HOS89].

Die in B-Rep orientierten Körpermodellierern üblichen geometrischen Kurven lauten:

- Gerade,
- nicht entartete Kegelschnitte,
- Freiformkurve (Beziér oder sogar NURBS),
- Parallelkurve.

Die Integration der Freiformgeometrien in die B-Rep-Körpermodellierer ist noch nicht vollständig gelöst und ist heute noch ein Gebiet intensiver Forschung [HAS90].

Das beliebige Produktgestaltselement der Präsentation kann bei gewünschter Visualisierung eines B-Rep-Körpermodells auf jedes in diesem Kapitel beschriebene B-Rep-Element verweisen. Damit sind durch die hierarchische B-Rep-Struktur automatisch alle untergeordneten Elemente ebenfalls eingeschlossen.

Bei der Anbindung eines der obigen Attributbündels an ein solches beliebiges Produktgestaltselement verläuft die Vererbung eines einzelnen Attributes von den B-Rep-Körpermodellen ausgehend über die Topologie bis hinunter zu den geometrischen Elementen. Die Art des Attributbündels muß dabei mit dem Typ des geometrischen Elementes korrespondieren.

8.1.4 Präsentation eines CSG-Körpermodells

CSG (Constructive Solid Geometry) repräsentiert die Körpermodelle mit Hilfe von Primitivkomponenten und einer Sequenz von Booleschen Operationen, die zur Konstruktion verwendet wurden. Die dabei üblichen Booleschen Operatoren lauten:

- Vereinigung,
- Schnitt,
- Differenz.

Die standardmäßigen CSG-Primitivkörper sind:

- Kegel,
- Zylinder,
- Kugel,
- Torus,
- Würfel,
- Prisma.

Häufig können diese Primitivkörper zusammen mit den folgenden prozedural beschriebenen bzw. halbunendlichen Körpern genutzt werden:

- Rotationskörper,
- linearer Ziehkörper,
- Halbraumkörper.

Diese Primitivkörper werden nach entsprechenden Positionierungen und Orientierungen ihrer lokalen Koordinatensysteme durch eine Sequenz von rekursiv verwendbaren Booleschen Ausdrücken in einem Booleschen Baum zusammengefaßt. Die Wurzel dieses Baumes repräsentiert den resultierenden Körper, der aus der Verschmelzung der Primitive in den Blättern entsprechend den in den Knoten des Booleschen Baumes befindlichen Mengenoperatoren und weiteren Positionierungen hervorgeht.

Das beliebige Produktgestaltselement der Präsentation kann bei gewünschter Visualisierung eines CSG-Körpermodells auf jeden Knoten innerhalb des Booleschen Baumes verweisen, wobei sowohl die Blätter als auch die Wurzel zugelassen sind. Durch die Hierarchie innerhalb des Baumes ist bei der Referenzierung eines solchen Knotens stets der vollständige dazugehörige Teilbaum ebenfalls eingeschlossen.

Bei der Anbindung eines der obigen Attributbündel an ein solches beliebiges Produktgestaltselement verläuft die Vererbung eines einzelnen Attributes von der Wurzel des referenzierten Booleschen Teilbaumes ausgehend bis hinunter in die Primitivkörper. In einer nachfolgenden Aufgabe müssen bei der Darstellung eines CSG-Körpers die sichtbaren Teile der Primitivkörper in ihre geometrische Bestandteilen getrennt werden, diese nach ihrem geometrischen Typ kategorisiert werden und ihnen die entsprechenden Arten von Attributbündel zugewiesen werden.

8.1.5 Approximationsmodell

Die Visualisierung eines beliebigen Produktgestaltselementes ist theoretisch durch die soeben beschriebenen Attributbündel sowie durch die nachfolgend vorgestellten Transformationen der Realitäts-Pipeline eindeutig determiniert. Bei der Bilderzeugung durch das graphische System können jedoch durch Unzulänglichkeiten der geometrischen Primitive des graphischen Systems Annäherungen an die äußere Form der Produktgestalt notwendig werden. Um die aus den Gestaltsapproximationen resultierenden Fehler unabhängig von graphischen Systemen kontrollieren zu können, wird ein separates Approximationsmodell in die Präsentation integriert. Dieses Approximationsmodell beinhaltet fünf Methoden der linearen Gestaltsannäherung, die im folgenden in der Reihenfolge ihres steigenden Berechnungsaufwandes erläutert werden.

Die erste Methode gibt konstante Schrittweiten in den Parameterräumen der Produktkurven und Produktflächen vor, wodurch Interpolationspunkte für die approximierenden Polygone oder Polyeder berechnet werden können. Diese Methode besitzt lediglich indirekten Einfluß auf den Approximationsfehler, da dieser a priori ohne Kenntnis der speziellen Produktgestalt bei der Definition der Schrittweite nicht vorhergesagt werden kann. Die Berechnung der die Approximation bestimmenden Interpolationspunkte geschieht sinnvollerweise vor der durch das Kameramodell bestimmten Projektion.

Die zweite bzw. dritte Methode gibt konstante Kantenlängen der die Produktkurven und Produktflächen approximierenden Polygone und Polyeder vor. Diese Methode besitzt lediglich indirekten Einfluß auf den Approximationsfehler, da dieser a priori ohne Kenntnis der speziellen Produktgestalt bei der Definition der Kantenlänge nicht vorhergesagt werden kann. Die Definition der Kantenlängen kann vor der Projektion durch das Kameramodell in Einheiten des Produktgestalt-Koordinatensystems bzw. nach der Projektion durch das Kameramodell in Einheiten des Präsentationsansicht-Koordinatensystems geschehen.

Die vierte bzw. fünfte Methode gibt a priori die Approximationsfehler vor, um die sich die approximierenden Polygone und Polyeder von den Produktkurven und Produktflächen entfernen dürfen. Hierbei sind ohne Kenntnis der speziellen Produktgestalt die maximalen Kantenlängen der linearen Approximationen nicht vorhersagbar. Die Definition der Approximationsfehler kann vor der Projektion durch das Kameramodell in Einheiten des Produktgestalt-Koordinatensystems bzw. nach der Projektion durch das Kameramodell in Einheiten des Präsentationsansicht-Koordinatensystems geschehen.

8.2 Transformationen der Realitäts-Pipeline

Die beliebigen Produktgestaltselemente des vorherigen Unterkapitels sind durch die Transformationen der Realitäts-Pipeline mit den graphischen Ausgabeelementen und deren graphischen Attributen assoziiert. Die Transformation durch das Kameramodell ist dabei stets notwendig, die komplexen Beleuchtungs- und Schattierungsberechnungen hingegen müssen nur im Bedarfsfall mit den entsprechenden vorgesehenen Parametern vom graphischen System durchgeführt werden. Dabei stützt sich die Präsentation auf die Methoden von PHIGS-PLUS, die einen ersten internationalen Konsens in diesem Rendering-Bereich darstellen. Als letztes wird in diesem Unterkapitel das Farbmodell der Präsentation vorgestellt, das bei der Angabe und Auswahl von Farben zugrunde zu legen ist.

8.2.1 Kameramodell

Das Kameramodell der Präsentation entspricht konzeptionell dem synthetischen Kameramodell, wie es auch in den Normen der Computer-Graphik, z.B. GKS-3D und PHIGS, Verwendung findet. Die folgenden Koordinatensysteme werden dabei verwendet:

- Koordinatensystem der Produktgestalt,
- Koordinatensystem zur Definition des Kameramodells,
- Koordinatensystem der resultierenden zweidimensionalen Ansicht.

Als einen Spezialfall, der im besonderen auf die zeichnungsorientierte Produktmodellierung zugeschnitten ist, bietet die Präsentation auch ein zweidimensionales Kameramodell an.

Die geforderten Klippkörper sind im dreidimensionalen Fall Halbebenen, die durch Schnittbildung zu konvexen Klippvolumen zusammengefaßt werden können. Im zweidimensionalen Fall sollte sogar gegen jede beliebige geschlossene Kurve geklippt werden können, um die Vielzahl der geforderten Ausschnittsarten in technischen Zeichnungen zu unterstützen.

8.2.2 Beleuchtungsmodell

Das Beleuchtungsmodell der Präsentation korrespondiert mit den Fähigkeiten von PHIGS-PLUS und unterstützt Kombinationen der folgenden vier Lichtquellenarten:

- Umgebungslicht (ambient light),
- Gerichtetes Licht (directional light),
- Positionslicht (positional light),
- Scheinwerferlicht (spot light).

8.2.3 Schattierungsmodell

Das Schattierungsmodell der Präsentation korrespondiert mit den Fähigkeiten von PHIGS-PLUS und unterstützt die folgenden vier Arten der schattierten Darstellung von Flächen der Produktgestalt:

- Konstantschattierung (constant shading),
- Farbschattierung (colour shading),
- Punktschattierung (dot shading),
- Normalschattierung (normal shading).

8.2.4 Farbmodell

Das auf den Primärfarben rot, grün und blau basierende RGB-Farbmodell wird, wie auch in GKS-3D und PHIGS, für die direkte Angabe von Farben als ein 3-Tupel in der Präsentation verwendet. Integrationsmechanismen für die Einbeziehung weiterer Farbmodelle, insbesondere der kalibrierten Farbmodelle wie z.B. CIELUV (das L*u*v*-Farbmodell der Commission Internationale d'Eclairage), sind vorhanden.

Die farbliche Visualisierung von wissenschaftlichen Daten, die an eine beliebige Produktgestalt gebunden sind, muß durch eine indirekte Farbzuweisung erfolgen. Dazu muß zunächst eine Farbassoziierungstabelle definiert werden, die einer reellen Zahlenachse eine Farbfunktion zuweist. Diese Farbfunktion stellt einen Farbverlauf im oben spezifizierten Farbraum dar. Die Farbfunktion selbst kann durch unterschiedliche Interpolationsarten, z.B. stufenförmig oder linear, aus einer endlichen Anzahl an beliebigen reellen Stellen entlang der Zahlenachse vordefinierten Farbwerten erzeugt werden. Die indirekte Farbangabe besteht somit in der Summe aus einem zu visualisierenden eindimensionalen Meßwert und einer Referenz auf eine zu verwendende Farbassoziierungstabelle.

8.3 Symbolische Darstellungselemente

Die zu visualisierenden Produkteigenschaften müssen durch die Symbolik-Pipeline in zweidimensionale symbolische Darstellungselemente, in sogenannte Annotationselemente, abgebildet werden. Zu deren Erzeugung stellt die Präsentation sechs unterschiedliche Arten von Annotationsprimitiven zur Verfügung:

- Annotationspunkt (annotation point),
- Annotationskurve (annotation curve),
- Annotationsfüllgebiet (annotation fill area),
- Annotationstext (annotation text),
- Annotationssymbol (annotation symbol),
- Annotationstabelle (annotation table).

Die Präsentationsattribute eines solchen zusammengefügten Annotationselementes sind von keinem Vererbungsmechanismus betroffen. Die entsprechenden Attributbündel der beteiligten Annotationsprimitive werden bereits endgültig während der Instanziierung eines Annotationselementes festgelegt. Die fertigen Annotationselemente werden anschließend durch die Transformationen des Unterkapitels 8.4 in das gewünschte Koordinatensystem plaziert.

8.3.1 Annotationspunkt

Annotationspunkte sind Hilfspunkte und dürfen lediglich für die Zwecke der Präsentation verwendet werden. Sie werden semantisch streng von den resultierenden Punkten der Realitäts-Pipeline unterschieden, die die Projektion eines Produktpunktes darstellen.

Ein Annotationspunkt wird als zweidimensionaler Punkt definiert und mit Hilfe einer graphischen Polymarke dargestellt (annotation point style), analog zum Punktstilbündel des Unterkapitels 8.1.

8.3.2 Annotationskurve

Annotationskurven sind Hilfskurven und dürfen lediglich für die Zwecke der Präsentation verwendet werden. Sie werden semantisch streng von den resultierenden Kurven der Realitäts-Pipeline unterschieden, die die Projektion einer Produktkurve darstellen.

Eine Annotationskurve wird als zweidimensionale Kurve definiert, auf der eine beliebige Anzahl von Referenzpunkten für Assoziations- und Verbindungszwecke gekennzeichnet sein kann. Das Annotationskurven-Bündel (annotation curve style) ist identisch mit dem Kurvenstilbündel des Unterkapitels 8.1.

8.3.3 Annotationsfüllgebiet

Annotationsfüllgebiete sind Hilfsflächen und dürfen lediglich für die Zwecke der Präsentation verwendet werden. Sie werden semantisch streng von den resultierenden Flächen der Realitäts-Pipeline unterschieden, die die Projektion einer Produktfläche darstellen. Jedoch können planare Produktflächen oder ihre Projektionen als zu füllende Gebiete identifiziert werden und ihnen zu diesem Zweck für die Visualisierung Annotationsfüllgebiet-Bündel zugeordnet werden.

Ein Annotationsfüllgebiet selbst wird durch eine Menge von zweidimensionalen geschlossenen Kurven begrenzt, die sich nicht überschneiden dürfen. Ob ein Punkt innerhalb oder außerhalb des Annotationsfüllgebiets liegt, kann mit Hilfe der Anzahl der Schnittpunkte eines beliebigen, von dem zu untersuchenden Punkt ausgehenden, Strahls mit den Begrenzungskurven festgestellt werden.

Das Annotationsfüllgebiet-Bündel (annotation fill area style) besteht aus vier Teilbündeln:

- Teilbündel für Schraffuren (hatching style),
- Teilbündel für mehrfache Schraffuren (multiple hatching style),
- Teilbündel für kurvige Kacheln (curved tiles style),
- Teilbündel für gefüllte Kacheln (filled tiles style).

Das Teilbündel für Schraffuren ermöglicht die einfache Schraffierung durch eine parallele Geradenschar, wobei der Neigungswinkel sowie der jeweilige Abstand der Geraden definiert werden kann. Die Visualisierung der gesamten, soeben erzeugten Geradenschar, wird durch das Annotationskurven-Bündel gesteuert.

Das Teilbündel für mehrfache Schraffuren ermöglicht die sich überlagernde Schraffierung durch mehrere parallele Geradenscharen. Die einzelnen parallelen Geradenscharen werden analog zu oben definiert.

Das Teilbündel für kurvige Kacheln erlaubt in einem lokalen zweidimensionalen Koordinatensystem die Definition einer beliebig dimensionierten rechteckigen Kachel, die mit Annotationskurven gefüllt ist. Die Visualisierung der Kachelberandung sowie der enthaltenen Annotationskurven wird durch eine entsprechende Anzahl von Annotationskurven-Bündel gesteuert. Weiterhin kann die Hintergrundfarbe der Kachel bestimmt werden. Das Annotationsfüllgebiet wird mit dieser Kachel in einer matrixartigen Anordnung gefüllt.

Das Teilbündel für gefüllte Kacheln erlaubt in einem lokalen zweidimensionalen Koordinatensystem die Definition einer beliebig dimensionierten rechteckigen Kachel, die mit geschlossenen, sich nicht überschneidenden Annotationskurven gefüllt ist. Unter Einbeziehung der Kachelberandung entsteht dadurch eine Menge von jeweils zusammenhängenden Gebieten. Die Visualisierung dieser Gebietsberandungen wird durch eine entsprechende Anzahl von Annotationskurven-Bündel gesteuert, wobei zusätzlich jedem Gebiet eine unterschiedliche Farbe zugeordnet werden kann. Weiterhin kann eine solchen Kachel um freistehende Annotationskurven zusammen mit entsprechenden Bündeln ergänzt werden. Das Annotationsfüllgebiet wird mit dieser Kachel in einer matrixartigen Anordnung gefüllt.

Die Fähigkeiten dieser Teilbündel übersteigen die Möglichkeiten der entsprechenden genormten graphischen Primitive Füllgebietsmenge und Zellmatrix, und müssen daher, falls möglich, zuvor heruntergebrochen werden.

8.3.4 Annotationstext

Ein Annotationstext ist stets in einem lokalen zweidimensionalen Koordinatensystem definiert und besteht aus enthaltenen Zeichenfolgen (substrings), die entweder alle individuell oder alle global positioniert werden. Dadurch ist es möglich, mehrzeiligen, mehrspaltigen oder gar verstreuten Annotationstext in einem Element zusammenzufassen. Durch die Möglichkeit der individuellen Zuordnung der Annotationstext-Bündel an die einzelnen enthaltenen Zeichenfolgen, kann zusätzlich die Visualisierung innerhalb eines Annotationstextes variieren.

Das Annotationstext-Bündel (annotation text style) bestimmt die Schreibrichtung einer Zeichenfolge, sowie den einzuhaltenden Zeichenabstand untereinander. Zusätzlich beinhaltet dieses Bündel eine Referenz in die Schriftsatzbibliothek, um den Buchstaben der Zeichenfolge die gewünschten Geometriedefinitionen zuzuordnen. Ein Buchstaben-Bündel (character glyph style) steuert als letztes die Visualisierung der Buchstabengeometrien selbst, indem es das Rechteck der Zeichenbeschreibung bei Bedarf skaliert oder um einen gegebenen Winkel neigt. Den Kurven und Flächen der Buchstabengeometrien ordnet dieses Bündel die für die Visualisierung notwendigen Annotationskurven- und Annotationsfüllgebiet-Bündel zu.

Die Fähigkeiten des Annotationstextes gehen über die textuellen Möglichkeiten der Graphiknormen hinaus, und müssen daher, falls nötig, heruntergebrochen werden.

8.3.5 Annotationssymbol

Ein Annotationssymbol kann Annotationspunkte, -kurven, -füllgebiete, -texte und sogar Annotationssymbole selbst enthalten, wodurch eine rekursive Definition beliebiger Tiefe ermöglicht wird. Jedes Annotationssymbol ist in einem lokalen Koordinatensystem definiert, wodurch die Positionierung und Skalierung innerhalb der Rekursion erfolgen kann. Neben einer beliebigen Anzahl von Referenzpunkten kann es zusätzlich Ausblendrechtecke besitzen, die die Visibilität des Annotationssymbols bei Bedarf sichern.

Das Annotationssymbol-Bündel (annotation symbol style) bestimmt die Visualisierung der enthaltenen Annotationspunkte, -kurven, -füllgebiete und -texte mit Hilfe der entsprechenden Bündel.

Die Graphiknormen sehen Symbole als Primitive nicht vor. Daher müssen die Annotationssymbole vor der Visualisierung zerlegt werden.

8.3.6 Annotationstabelle

Annotationstabellen stellen eine besondere Klasse von Annotationsprimitiven dar. Das Format einer Annotationstabelle wird mit Hilfe von Feldern (fields) und deren Verknüpfungen (records) erzeugt, wobei jede beliebige topologische Struktur, sowohl eine regelmäßige als auch eine verstreute, möglich ist. Ein Feld in diesem Tabellenformat ist ein Rechteck, dessen Rand bei Bedarf mit Hilfe eines Annotationskurven-Bündel visualisiert werden kann und das bei Bedarf zum Klippen des Feldinhaltes (field content) genutzt werden kann. Zur Erstellung einer Tabellenschablone kann einem Feld bereits vor der Instanziierung ein Inhalt zugeordnet werden. Feldinhalte können mit den entsprechenden Bündeln versehene Instanzen der vorher in diesem Unterkapitel beschriebenen Annotationsprimitive sein.

Die Graphiknormen sehen Tabellen als Primitive nicht vor. Daher müssen die Annotationstabellen vor der Visualisierung zerlegt werden.

8.4 Transformationen der Symbolik-Pipeline

Die Produkteigenschaften, die durch Annotationselemente symbolisch dargestellt werden sollen, werden durch die Transformationen der Symbolik-Pipeline aus den Annotationsprimitiven des vorherigen Unterkapitels mit Hilfe von Instanziierungstransformationen zusammengesetzt und mit den Elementen der Realitäts-Pipeline verbunden.

8.4.1 Instanziierungsmodell

Das Zusammensetzen der Annotationsprimitive zu einem Annotationselement und dessen Plazierung in einem zwei- oder dreidimensionalen Koordinatensystem, entsprechend der gewünschten Verknüpfung mit der Realitäts-Pipeline, erfolgt mit Hilfe des Instanziierungsmodells.

Eine Instanz eines Annotationspunktes, einer Annotationskurve oder eines Annotationsfüllgebietes wird durch die Kombination eines gewünscht positionierten Annotationsprimitives mit seinem entsprechenden Bündel gebildet.

Eine Annotationstext-Instanz wird durch die Kombination eines gewünscht positionierten Annotationstextes mit einem globalen Annotationstext-Bündel gebildet. Sollen die enthaltenen Zeichenfolgen individuell visualisiert werden, dann müssen ihnen einzeln Annotationstext-Bündel zugeordnet werden. Zusätzlich kann eine Annotationstext-Instanz unterstrichen, oberstrichen, von Rechtecken umrahmt oder gar von Ausblendrechtecken umgeben werden. Die Visualisierung dieser zusätzlichen Annotationskurven wird in der Instanz durch entsprechende Bündel ebenfalls definiert.

Eine Annotationssymbol-Instanz wird durch die Kombination eines gewünscht positionierten und skalierten Annotationssymbols mit einem Annotationssymbol-Bündel für das Wurzelelement der rekursiven Symboldefinition gebildet. Sollen enthaltene Teilsymbole davon unterschiedlich visualisiert werden, dann müssen zusätzlich für die entsprechenden Knoten der Rekursion Annotationssymbol-Bündel bereitgestellt werden.

Eine Annotationstabellen-Instanz fügt einer gewünscht positionierten Annotationstabelle weitere Feldinhalte hinzu. Dabei können die während der Instanziierung zu füllenden Felder der vordefinierten Tabellenschablone einzeln bestimmt werden.

8.4.2 Verknüpfung mit der Realitäts-Pipeline

Diese Instanzen können zu drei verschiedenartigen Annotationselementen zusammengefaßt werden, die auf drei logisch unterschiedlichen Ebenen der Realitäts-Pipeline zugeführt werden:

- gebietsabhängige Annotation (area dependent annotation),
- ansichtsabhängige Annotation (view dependent annotation),
- gestaltsabhängige Annotation (shape dependent annotation).

Die gebietsabhängige Annotation wird der Realitäts-Pipeline bei der Visualisierung nach der Positionierung der Präsentationsansichten zugeordnet. Dadurch ist die gebietsabhängige Annotation unabhängig von jeder Präsentationsansicht und damit auch unabhängig von jeder projizierten Produktgestalt. Die gebietsabhängige Annotation ist mit dem virtuellen Präsentationsgebiet assoziiert und ist somit stets eine zweidimensionale Instanziierung der Annotationselemente. Sie kann für die symbolische Darstellung z.B. von Stücklistentabellen oder eines fix positionierten Firmenzeichens genutzt werden.

Die ansichtsabhängige Annotation wird stets mit der projizierten Produktgestalt assoziiert und zusammen mit dieser als Präsentationsansicht auf dem Präsentationsgebiet positioniert. Somit stellt die ansichtsabhängige Annotation ebenfalls eine zweidimensionale Instanziierung der Annotationselemente dar. Die ansichtsabhängige Annotation kann für die symbolische Darstellung z.B. von Bemaßungen oder Toleranzsymbolen genutzt werden.

Die gestaltsabhängige Annotation wird stets mit der selektierten Produktgestalt vor der Projektion durch das Kameramodell assoziiert. Somit stellt die ansichtsabhängige Annotation eine zweidimensionale oder dreidimensionale Instanziierung der Annotationselemente dar, wobei die Dimensionalität durch die selektierte Produktgestalt bestimmt wird. Die gestaltsabhängige Annotation durchläuft immer die Projektion des Kameramodells und kann für die symbolische Darstellung z.B. von Material in Form von Flächenmustern genutzt werden.

8.5 Strukturen

Die Visualisierung wird durch die Strukturierung der realitätstreuen und symbolischen Darstellungselemente der jeweiligen Pipelines erleichtert. Insbesondere erlaubt die resultierende Layout-Hierarchie die ökonomische Generierung der Darstellung und ermöglicht deren wirkungsvolle Kontrolle.

8.5.1 Layout-Hierarchie einer Präsentation

Die Produktpräsentationsschema sieht sechs Hierarchieebenen vor:

- Präsentationsmenge (presentation set),
- Präsentationsgebiet (presentation area),
- Präsentationsansicht (presentation view),
- Produktgestaltsansicht (product shape view),
- selektierte Produktgestalt (product shape selected),
- beliebiges Produktgestaltselement (arbitrary product shape element).

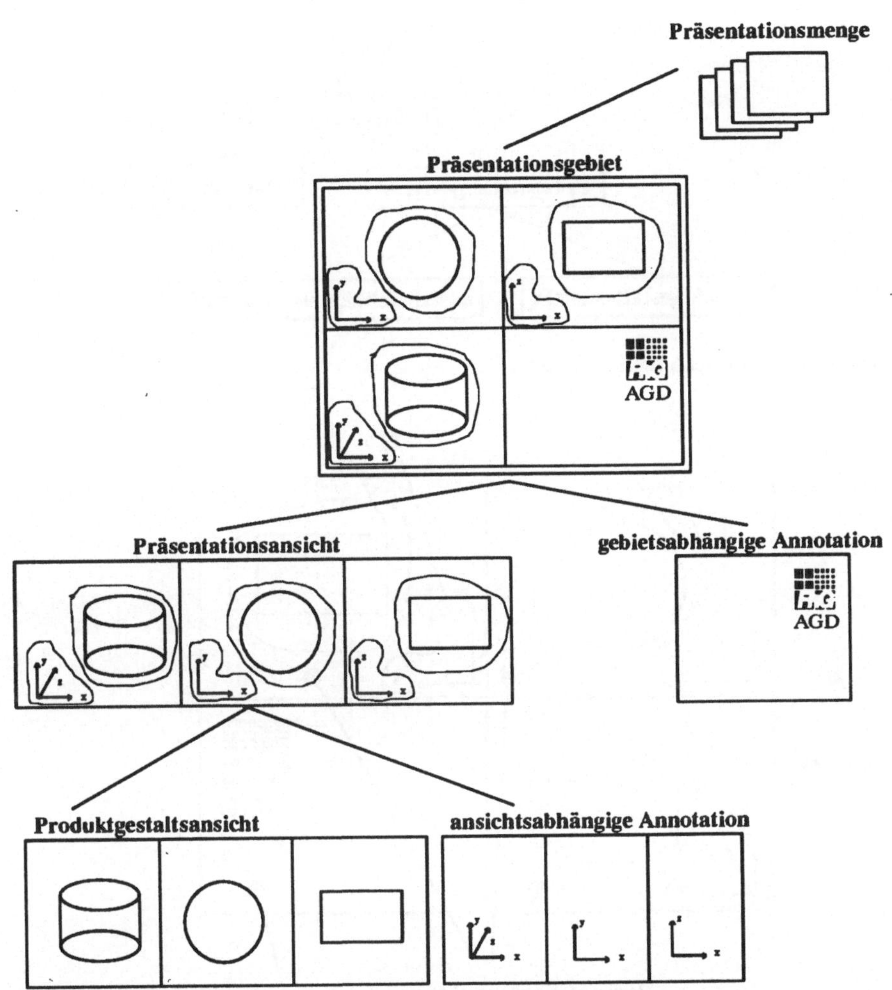

Abb. 8.1. Layout-Hierarchie in der Präsentation (Beispiel 1)

Eine Präsentationsmenge besteht aus einer Menge von Präsentationsgebieten sowie eines möglichen Rechtecksmaßes, für den Fall, daß alle Präsentationsgebieten die gleiche Größe besitzen.

Ein Präsentationsgebiet enthält Präsentationsansichten und gebietsabhängige Annotationen. Die Größe sowie die Hintergrundfarbe des rechteckigen Präsentationsgebietes kann zusätzlich angegeben werden.

Eine Präsentationsansicht besteht aus einer Produktgestaltsansicht sowie ansichtsabhängigen Annotationen.

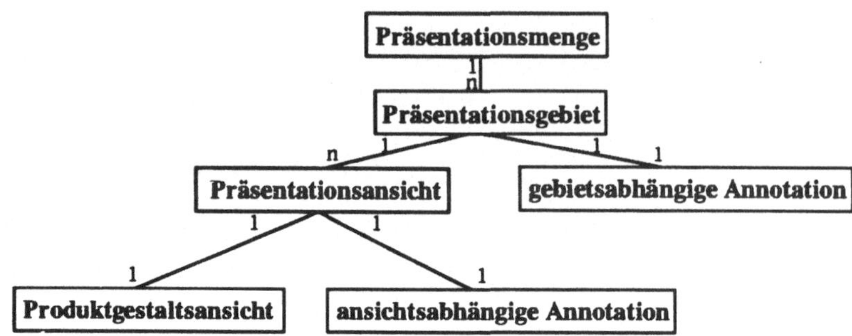

Beispiel eines Präsentationsgebietes:

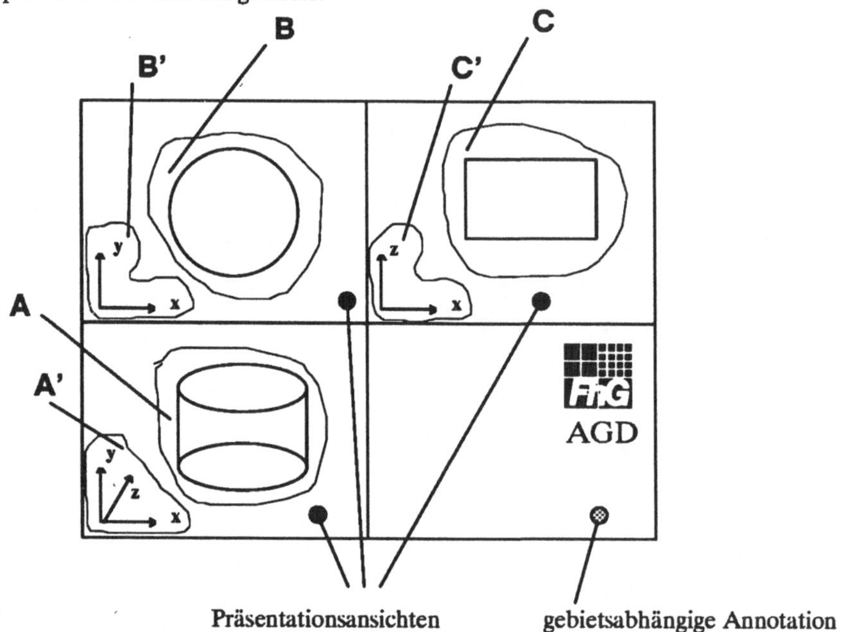

Abb. 8.2. Layout-Hierarchie in der Präsentation (Beispiel 2)

Eine Produktgestaltsansicht enthält eine selektierte Produktgestalt, mögliche gestaltsabhängige Annotationen und ein Kameramodell, wobei diese Bestandteile in ihrer Dimensionalität aufeinander abgestimmt sind. Im dreidimensionalen Fall können noch zusätzlich Lichtquellen, eine Schattierungsmethode sowie das Ausblenden verdeckter Kanten und Flächen bestimmt werden.

Eine selektierte Produktgestalt beschreibt einen gewünschten Aspekt der Produktgestalt unter Verwendung von beliebigen Produktgestaltselementen, die in zwei Stufen organisiert sind. Die erste Stufe besteht aus einem einzigen beliebigen Produktgestaltselement, das eventuell bereits die gewünschten Attributbündel besitzt. Diese erste Stufe stellt im wesentlichen die selektierte Produktgestalt dar. Sollen jedoch enthaltene Bestandteile dieser Produktgestalt überhaupt nicht oder mit modifizierten Attributbündeln visualisiert werden, dann müssen in der zweiten Stufe die entsprechenden Elemente in der Produktgestalt referenziert und gleichzeitig die gewünschten Attributbündel explizit gesetzt werden.

Ein beliebiges Produktgestaltselement stellt, wie in Unterkapitel 8.1 beschrieben, eine Referenz in das Produktgestaltsmodell des CAD-Systems dar. Dadurch ist die Assoziativität der visuellen graphischen Präsentationselemente mit den jeweiligen Elementen der Produktgestalt gesichert. Zusätzlich können einem beliebigen Produktgestaltselement, ausschließlich zur Definition der Visualisierung, Attributbündel sowie eine lokale Transformation hinzugefügt werden. Die lokale Transformation ermöglicht die Erstellung z.B. von sogenannten Explosionszeichnungen und besitzt keine Rückwirkung in die ursprüngliche Definition der Produktgestalt.

Die in dieser Layout-Hierarchie enthaltenen drei Typen von Annotationselementen (gebiets-, ansichts- und gestaltsabhängig) ermöglichen zum einen die symbolischen Darstellungen der Produkteigenschaften und sichern zum andern die Assoziativität zwischen Realitäts- und Symbolik-Pipeline. Diese unterschiedlichen Annotationselemente durchlaufen je nach der Hierarchieebene ihrer Anknüpfung die verschiedenen Transformationen der Realitäts-Pipeline (siehe hierzu auch Unterkapitel 8.4).

Abbildung 8.1 und Abb. 8.2 geben Beispiele für die oberen Ebenen der Layout-Hierarchie.

Alle Präsentationsformen des Unterkapitels 6.4 können durch die Organisation ihrer Darstellungen entsprechend dieser Layout-Hierarchie eine semantisch hochwertige, mehrere virtuelle Darstellungsflächen umfassende Struktur erzeugen.

8.5.2 Darstellungskontrolle

Die Kontrolle der Darstellung umfaßt zwei Mechanismen, die jeweils auf der Layout-Hierarchie basieren. Eine spezielle Attributvererbung erlaubt die ökonomische Zuweisung der Attributbündel. Das Konzept des Layering ermöglicht eine effektive Visibilitätskontrolle und Attributenvariation innerhalb des Präsentationsmodells selbst.

8.5.2.1 Attributvererbung in der Layout-Hierarchie

Als Ergänzung zur Attributvererbung für beliebige Produktgestaltselemente in der Realitäts-Pipeline, wird für die Layout-Hierarchie ein zweiter Mechanismus zur

Vererbung derselben Attributbündel definiert. Betroffen sind von dieser Art der Attributvererbung diejenigen drei Attributbündel, die den verschieden dimensionierten Geometrieprimitiven der Produktgestalt zur Visualisierung zugeordnet werden können. Diese Attributvererbung in der Layout-Hierarchie beginnt dort, wo die Attributvererbung in der Realitäts-Pipeline endet, und kann somit als direkte Fortführung der ersteren betrachtet werden. Wichtig ist es hervorzuheben, daß die Annotationselemente von dieser Attributvererbung in der Layout-Hierarchie nicht betroffen sind. Die Attributbündel für die Annotationsprimitive werden bereits bei deren Instanziierung endgültig festgelegt (siehe dazu auch die Unterkapitel 8.3 und 8.4).

Das verbindende Element dieser beiden Attributvererbungen ist das beliebige Produktgestaltselement. Während die Attributvererbung in der Realitäts-Pipeline festlegt, wie die einzelnen Attribute der Attributbündel von einem beliebig referenzierten Produktgestaltselement in die entsprechenden Geometrieprimitive gelangen (siehe hierzu Unterkapitel 8.1), beschreibt hingegen die Attributvererbung in der Layout-Hierarchie, wie diese Attributbündel selbst, unter Nutzung der einzelnen Hierarchieebenen, dem beliebigen Produktgestaltselement zugeführt werden können.

Ziel dieses zweiten Mechanismus ist die Ermöglichung der ökonomischen Attributzuweisung an semantisch hochwertige Elemente, wie sie z.B. Produktansichten oder gar Präsentationsgebiete darstellen. Dadurch können identisch attributierte Bilder oder Teilbilder durch die Zuweisung eines einzigen Attributbündels erzeugt werden. Eine gewünschte visuelle Gleichbehandlung der enthaltenen Geometrieprimitive einer bestimmten Hierarchieebene kann durch diesen Mechanismus ebenfalls garantiert werden.

Die Attributvererbung in der Layout-Hierarchie nutzt zu diesem Zweck die strenge Baumstruktur in der Hierarchie aus, wie sie oberhalb der selektierten Produktgestalt vorzufinden ist. Die Präsentationsmenge bildet dabei die Wurzel des Baumes und die selektierten Produktgestalten die Blätter. Der Zusammenhang zwischen beliebigen Produktgestaltselementen und selektierter Produktgestalt ist oben bereits erläutert, wobei auch die Bedeutung der jeweiligen Attributbündel dargelegt ist. Die Attributvererbung in der Baumstruktur, in die selektierten Produktgestalten hinein, erfolgt nach den folgenden beiden Prinzipien:

- ist in einem Knoten des Baumes ein Attributbündel nicht vorhanden, dann erbt es das entsprechende des Vaters,
- ist in einem Knoten des Baumes ein Attributbündel vorhanden, dann findet keine Vererbung statt, da dieses das Attributbündel des Vaters überschreibt.

8.5.2.2 Layering

Die Sichtbarkeit der Elemente der Layout-Hierarchie sowie der darin eingebundenen Annotationselemente kann durch den Layer-Mechanismus effektiv kontrolliert werden. Dazu können zunächst die folgenden Elemente jeweils genau einer Layer (Folie, visuellen Ebene) zugeordnet werden:

- selektierte Produktgestalt,
- gestaltsabhängige Annotation,
- ansichtsabhängige Annotation,
- gebietsabhängige Annotation.

Auf den folgenden vier Hierarchieebenen kann angegeben werden, welche Layer visualisiert werden sollen:

- Produktgestaltsansicht,
- Präsentationsansicht,
- Präsentationsgebiet,
- Präsentationsmenge.

Dies bedeutet, daß lediglich diejenigen Präsentationselemente dargestellt werden, die mit einer der aufgeführten Layer assoziiert sind. Dazu werden die Indizes der zu visualisierenden Layer in der Baumstruktur der Layout-Hierarchie von der Präsentationsmenge ausgehend in die obigen vier Präsentationselemente vererbt.

Durch diesen Mechanismus können auf einfache Weise mehrere unterschiedlich detaillierte oder annotierte Präsentationen desselben Produktes gewonnen werden, ohne jeweils eine vollständige Präsentationsstruktur neu erzeugen zu müssen.

Neben der Visibilitätskontrolle der Präsentationselemente ermöglicht der Layer-Mechanismus zusätzlich die Modifikation derjenigen Attributbündel, die den beliebigen Produktgestaltselementen zugeordnet werden können. Dazu werden Layer-Tabellen definiert, die einige oder alle Layer-Indizes mit Attributbündel assoziieren. Bei der Angabe der zu visualisierenden Layer muß weiterhin auf jeder der vier Hierarchieebenen diejenige Layer-Tabelle bestimmt werden, aus der die aktuellen Attributbündel für die Visualisierung zu entnehmen sind.

Die Koordination der Attributbündel, die den Hierarchieebenen entweder direkt oder indirekt, mittels der Layer-Tabelle, zugewiesen wurden, erfolgt dabei nach dem folgenden Prinzip: die Attributbündel, die auf einer Hierarchieebene direkt zugeordnet werden, sind stärker als die indirekt, mit Hilfe einer Layer-Tabelle, zugeordneten Attributbündel.

8.6 Bibliotheken

Die Präsentation verwendet Bibliotheken, um auf die Definition von umfangreichen und häufig benötigten Annotationsbestandteilen durch Referenzierung einfach zurückgreifen zu können. Die Strukturen zweier Arten von Bibliotheken und Bibliothekselementen werden durch die Präsentation vorgegeben. Diese beiden Bibliotheksarten erlauben die geordnete Speicherung von:

- Schriftsätzen (character fonts),
- Symbolsätzen (annotation symbol fonts).

Bei der Definition eines Bibliotheksmodells ist streng auf die Konsistenz mit einem zugrundeliegenden Produktmodell zu achten. Denn durch die Inkonsistenz zwischen einem Bibliotheksmodell und dem Produktmodell kann es unter Umständen zur Instanziierung nichtgewünschter Bibliothekselemente kommen, bzw. zur fehlerhaften Einbindung von Bibliothekselementen in die zu erzeugende Produktmodellinstanz. Insbesondere beim Austausch von Produktmodelldaten entstehen wegen inkonsistenten Modelldefinitionen häufig Probleme im Zusammenhang mit Bibliotheksreferenzierungen. Dies liegt darin begründet, daß die Bibliotheken selbst aus ökonomischen Gründen im allgemeinen nicht ausgetauscht werden. Dem empfangendem System werden lediglich Verweise, in Form von sogenannten externen Referenzen, auf die zu verwendenden Bibliotheken mitgeteilt. Mangelnde Absprache oder verschiedene Bibliotheken auf beiden Seiten des Austausches können zu den oben angedeuteten Inkonsistenzen führen.

Um diese möglichen Inkonsistenzen weitestgehend auszuschließen, beinhaltet das Präsentationsmodell sowohl die notwendigen Informationen zur Bilderzeugung als auch die vollständige Modelldefinition der beiden Annotationsbibliotheken. Die durchgehende Methodologie gewährleistet somit die Konsistenz zwischen dem Präsentationsmodell und den Bibliotheksmodellen. Im Falle des Produktmodelldatenaustausches können dadurch dem Empfänger bei Bedarf die Bibliotheken selbst zusammen mit oder aber ohne jegliche Produktmodellinstanzen transferiert werden. Verweise in die Bibliotheken vereinfachen sich dabei zu sogenannten internen Referenzen.

Die Bibliotheksinhalte selbst werden als Instanzen der Bibliothekselemente von bestimmten Benutzergruppen in Abhängigkeit des Produktmodellkontextes definiert. Die Präsentation spezifiziert lediglich die Struktur und das Aufbauschema der Präsentationsbibliotheken sowie derer Elemente. Die Konkretisierung der Geometrien der einzelnen Buchstaben in den Schriftsätzen sowie der einzelnen Symbole in den Symbolsätzen erfolgt zur Instanziierungszeit der Bibliotheken durch die oben erwähnten Benutzergruppen. Der Bibliotheksmechanismus der Präsentation sieht lediglich eine schematische Definition der Geometrie der Elemente vor, deren Instanzen in einer nominellen Größe gespeichert werden können. Bei der Einbindung eines Bibliothekselementes in eine Produktmodellinstanz können entsprechende geometrische Transformationen (Skalierung, Scherung) vorgenommen werden.

Die nach bestimmten ästhetischen Gesichtspunkten entworfenen Geometrien der Buchstaben (character glyphs) eines Alphabets, für Texte mit z.B. lateinischen, griechischen, cyrillischen, arabischen oder japanischen Schriftzeichen, werden in Schriftsätzen zusammengefaßt. Die Geometrie der Buchstabenglyphen kann entsprechend der ISO-Vornorm DIS 9541 "Font Information Interchange" entweder als Strichglyphe (stroke glyph) oder als Umrißglyphe (outline glyph) definiert werden. Neben der unmittelbaren Konturgeometrie werden für jeden Buchstaben in einem lokalen zweidimensionalen Koordinatensystem ein Ausdehnungsrechteck, eine Schriftlinie sowie zwei Anschlußpunkte zum Aneinanderfügen der Buchstaben vorgegeben. Eine Strichglyphe selbst besteht aus Kurven konstanter Breite. Eine Umrißglyphe wird hingegen von zwei Mengen von geschlossenen Kurven konstanter Breite erzeugt, wobei jeweils eine Menge die äußeren bzw. die inneren Randkurven beschreibt. Verschiedene Schriftsätze können in Schriftsatzfamilien (character font families) entsprechend wichtigen identischen Charakteristika, wie z.B. Courier Definition, zusammengefaßt werden. Diese Schriftsatzfamilien werden separat in einer Schriftsatzbibliothek (character font library) geordnet.

Annotationssymbole können unter Beachtung anwendungsspezifischer Charakteristika in Sätzen von Annotationssymbolen gesammelt werden. Die globale Struktur der Annotationssymbole selbst ist in Unterkapitel 8.3 beschrieben. Die Symbolsätze wiederum werden separat in einer Symbolsatzbibliothek (annotation symbol font library) geordnet.

8.7 Anwendungsprotokolle

Zur anforderungsgerechten Gruppierung der Fähigkeiten der Präsentation ist ein Leistungsstufenkonzept vorgesehen, das die verschiedenartigen Visualisierungstechniken der Produkteigenschaften entsprechend dem Produktmodellkontext effektiv ermöglichen soll. Insbesondere unterstützt dieses Leistungsstufenkonzept explizit sowohl die realitätstreue als auch die symbolische Präsentationsform. Insbesondere wurden bei der Definition der Leistungsstufen die Fähigkeiten der Normen des Computer-Graphik-Bereichs weitgehend berücksichtigt.

Das Leistungsstufenkonzept unterscheidet zunächst vier voneinander unabhängige Präsentationsbereiche R, S, H, und B:

- Transformationen der Realitäts-Pipeline sowie entsprechende Attributbündel,
- Annotationsprimitive der Symbolik-Pipeline sowie entsprechende Attributbündel,
- Layout-Hierarchie in der Präsentation,
- Bibliotheksdefinitionen.

Jeder dieser vier Präsentationsbereiche selbst ist in mehrere aufeinander aufbauende Stufen unterteilt. Niedrigere Stufen sind somit stets in den höheren Stufen enthalten (siehe Abb. 8.3).

Die Fähigkeiten des Bereiches R:

- Transformationen der Realitäts-Pipeline sowie entsprechende Attributbündel sind folgendermaßen geordnet:

  Stufe R1:
  - 2D Kameramodell,
  - Punktstilbündel,
  - allgemeines Kurventeilbündel.

R	S	H	B
R3	S3	H2	B2
R2	S2		
R1	S1	H1	B1

Abb. 8.3. Leistungsstufenkonzept der Präsentation

Stufe R2:

- 3D Kameramodell,
- kurvenartiges Flächenteilbündel.

Stufe R3:

- Beleuchtungs- und Schattierungsmodell,
- sämtliche Kurventeilbündel,
- gefülltes Flächenteilbündel.

Die Fähigkeiten des Bereiches S:

- Annotationsprimitive der Symbolik-Pipeline sowie entsprechende Attributbündel sind folgendermaßen geordnet:

Stufe S1:

- Annotationspunkt mit Attributbündel,
- Annotationskurve mit allgemeinen Teilbündel,
- Annotationsfüllgebiet mit Teilbündel für Schraffuren und mehrfache Schraffuren,
- Annotationstext mit Attributbündel.

Stufe S2:

- Teilbündel für kurvige Kacheln des Annotationsfüllgebietes,
- Annotationssymbol mit Attributbündel.

Stufe S3:

- sämtliche Teilbündel für Annotationskurven,
- Teilbündel für gefüllte Kacheln des Annotationsfüllgebietes,
- Annotationstabelle mit Attributbündel.

Die Fähigkeiten des Bereiches H:

- Layout-Hierarchie in der Präsentation sind folgendermaßen geordnet:

Stufe H1:

- Unterstützung der Layout-Hierarchie in der Präsentation bis zur Präsentationsansicht.

Stufe H2:
- vollständige Unterstützung der Layout-Hierarchie in der Präsentation bis zur Präsentationsmenge.

Die Fähigkeiten des Bereiches B:

- Bibliotheksdefinitionen sind folgendermaßen geordnet:

Stufe B1:
- externe Definition der Schrift- sowie der Symbolsatzbibliotheken.

Stufe B2:
- auch interne Definition der Schrift- sowie der Symbolsatzbibliotheken.

Die Fähigkeiten dieser insgesamt 10 Stufen der vier Präsentationsbereiche können rein kombinatorisch zu 3*3*2*2 = 36 Leistungsstufen zusammengefügt werden. Bei dieser Art der Bildung der Leistungsstufen muß jeder Präsentationsbereich durch genau eine der aufwärtskompatiblen Stufen berücksichtigt werden. Diese Methode entspricht dem IGES-Teilmengen-Konzept der VDAIS.

Nicht alle dieser 36 kombinatorischen Leistungsstufen sind jedoch sinnvoll. Augrund der Identität der Attributbündel für Gestaltskurven und Annotationskurven sollten die folgenden Kombinationen für die Implementierung nicht berücksichtigt werden:

- R1, S3,
- R2, S3,
- R3, S1,
- R3, S2.

	R	S	H
1.	R1	S1	H1
2.	R1	S1	H2
3.	R1	S2	H1
4.	R1	S2	H2
5.	R2	S1	H1
6.	R2	S1	H2
7.	R2	S2	H1
8.	R2	S2	H2
9.	R3	S3	H1
10.	R3	S3	H2

Abb. 8.4. Sinnvolle Leistungsstufen in der Präsentation

Durch diese Reduktion der Kombinationen der Bereiche R und S von 9 auf 5 verringert sich die Gesamtanzahl der Leistungsstufen auf 5*2*2 = 20. Da die Fähigkeit des Teilbereichs B2 zur internen Definition der Schrift- und Symbolsätze sowie deren Zusammenfassung in entsprechende Bibliotheken eine additive Fähigkeit von CAD-Systemen darstellt, ergibt sich eine Gesamtanzahl von 5*2 = 10 frei kombinierbaren Leistungsstufen (siehe Abb. 8.4). Für das Präsentationsmodell, das für die Visualisierung einer Vielzahl von verschiedenartiger Anwendungen herangezogen werden wird, stellt dies keine zu große Zersplitterung der einzelnen Fähigkeiten dar.

9 Realisierung der Präsentation in STEP

Die Übertragung der Ideen und Konzepte zur Präsentation, insbesondere der Ergebnisse aus den Kapiteln 6, 7 und 8, in die Realität erfolgt im Rahmen der Arbeiten zu STEP. Wie die Analyse der Zielsetzung und des Umfanges von STEP in Kapitel 5 bereits gezeigt hat, handelt es sich bei STEP um ein kombiniertes internationales Forschungs-, Entwicklungs- und Normungsprojekt. An der Definition und Spezifikation des Informationsmodells STEP-Präsentation ist der Verfasser dieses Buches seit 1987 maßgeblich und seit 1989 sogar als Dokumentenführer beteiligt.

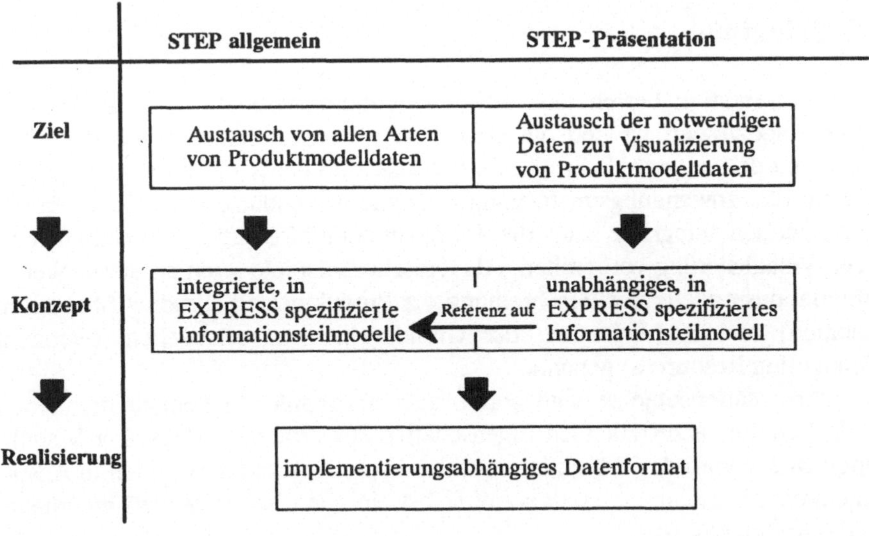

Abb. 9.1. Einbettung der Präsentation in STEP

Dieses Kapitel verdeutlicht die Randbedingungen der Arbeiten zu STEP-Präsentation. Abbildung 9.1 gibt einen Überblick über den Zusammenhang der Ziele, Konzepte und Realisierung von STEP im allgemeinen und STEP-Präsentation im speziellen.

9.1 Aufgaben

Das STEP Präsentationsschema stellt diejenigen Informationen zur Verfügung, die für die Erzeugung einer visuellen Darstellung der verschiedenen Aspekte eines STEP-Produktmodells notwendig sind. Falls ein STEP-Produktmodell zusammen mit einer relevanten Menge von Präsentationsentities ausgetauscht wird, ist somit das empfangende System in der Lage die visuelle Darstellung des Produktmodells zu erzeugen.

Die Gesamtheit der vorhandenen Entities und deren Attribute beschreiben das gewünschte Erscheinungsbild des Produktmodells eindeutig. Sollten Approximationen zur Gewinnung des tatsächlichen Erscheinungsbildes notwendig sein, dann kann die Genauigkeit durch Toleranzen kontrolliert werden.

STEP-Präsentation beschäftigt sich nicht mit dem direkten Austausch oder der Archivierung von graphischen Modellen. Dies ist Aufgabe der genormten Bilddateien des Computer-Graphik-Bereiches.

9.2 Prinzipien

STEP-Präsentation besteht aus einem Informationsmodell, das als EXPRESS-Schema spezifiziert ist und die Generierung von bildlichen Darstellungen von Produktmodellen ermöglicht. Dieses Schema muß daher mit all denjenigen generischen, d.h. anwendungsunabhängigen, sowie anwendungsspezifischen Informationsmodellen integriert sein, die Produktmodellinformationen beinhalten bzw. deren Visualisierung vorbereiten. Als typische Beispiele seien an dieser Stelle die Informationsmodelle zur Beschreibung der Produktgestalt (Product Shape Representation) und zur Erfassung der Grundlagen von technischen Zeichnungen (Draughting Resources) genannt.

Präsentationsobjekte sind somit stets in fremden Schemata definiert. Sie beinhalten die darzustellenden Eigenschaften des Produktmodells. Für Visualisierungszwecke wird das Präsentationsschema vom Anwendungsmodell in Anspruch genommen. Präsentation stellt somit selbst ein generisches Modell innerhalb der STEP-Architektur dar.

Die Präsentation unterscheidet zwei grundlegende Klassen von Präsentationsobjekten:

- Produktgestaltsobjekte,
- Nicht-Produktgestaltsobjekte.

Die Semantik eines Produktgestaltsobjektes kann auf die geometrischen Bestandteile Punkt, Kurve und Fläche einer Produktgestalt zurückgeführt werden.

Die Semantik eines Nicht-Produktgestaltsobjektes läßt sich nicht auf die geometrischen Bestandteile Punkt, Kurve und Fläche einer Produktgestalt zurückführen. Diese werden im Präsentationsmodell daher als Annotationen visualisiert. Diejenigen geometrischen Punkte, Kurven und Flächen, die zur rein graphischen Beschreibung der Annotation verwendet werden, werden semantisch streng von den geometrischen Bestandteilen der Produktgestalt unterschieden.

Auf diese beiden verschiedenen Objektklassen können unterschiedliche Arten von Transformationen angewendet werden.

In STEP-Präsentation können viele elementare Visualisierungsaufgaben in Form von einfachen Entities und deren Attributmengen beschrieben werden, die in den genormten Systemen des Computer-Graphik-Bereichs sofort ausführbaren Operationen entsprechen. Andere nicht elementare Visualisierungsaufgaben erfassen den gewünschten Effekt durch mehrere miteinander verkettete Entities, die vom Postprozessor und dem empfangenden CAD-System zunächst in Einzelschritte zerlegt werden müssen. Nicht jede STEP-Präsentationsaufgabe kann von den genormten Systemen des Computer-Graphik-Bereichs ohne eine solche Zerlegung ausgeführt werden.

Die Gesamtheit der Entities des Präsentationsschemas enthält Attributmengen zur Beschreibung aller darstellungsrelevanten Arten von Informationen, und sieht Mechanismen vor, mit denen diese Attribute den darzustellenden Präsentationsobjekten des Produktmodells zugeordnet werden können.

9.3 Beziehung zur Computer-Graphik

Auf dem Gebiet der graphischen Systeme stellen:

- GKS-3D,
- PHIGS,

zwei gegenwärtige ISO-Normen dar. PHIGS-PLUS wird in der STEP-Präsentation als Basis für die Definition des Beleuchtungs- und Schattierungsmodells verwendet, wobei eine Einbettung und Anpassung an den Kontext der Präsentation von Produktinformationen erfolgt.

Ein STEP-Präsentationsmodell kann in Verbindung mit einem STEP-Produktmodell von dem STEP-Postprozessor des empfangenden CAD-Systems dann interpretiert werden, wenn dessen graphisches Subsystem Fähigkeiten besitzt, die mindestens der Funktionalität des genormten graphischen Kernsystems GKS entsprechen. Fehlen auf der Empfängerseite einige dieser graphischen Fähigkeiten, dann muß der Postprozessor selbst diese Funktionen durch entsprechende Nachbildungen kompensieren.

In vielen Fällen sind die Entities der STEP-Präsentation umfangreicher als jene Primitive, Attribute und Strukturen der genormten graphischen Systeme. In solchen Fällen muß der Postprozessor diese Entities in mehrere, vom empfangenden graphischen System ausführbare Funktionen zerlegen.

Da in allen CAD-Systemen die Assoziationen zwischen dem Produktmodell und den visuellen Elementen einer Darstellung gespeichert werden, ist es notwendig diese Assoziationen auch in der Präsentation zu erhalten. Dies gilt insbesonders für die Bereiche der Bemaßung und der eigenschaftsbezogenen Annotationen. Gäbe es diese Anforderung nicht, könnten die visuellen Darstellungen eines Produktmodells unter Verwendung der vorhandenen ISO-Norm für Computer-Graphik-Bilddateien CGM ausgetauscht werden, für die die Prä- und Postprozessoren wesentlich einfacher zu implementieren sind.

9.4 Beziehung zu Text- und Bürosystemen

Innerhalb des ISO/IEC JTC1/SC18 für Text- und Bürosysteme sind mehrere Normen verfügbar oder in Arbeit. Die Arbeitsgruppe zu Präsentation hat folgende Aktivitäten untersucht:

- Office Document Architecture - Open Document Interchange Format (ODA-ODIF), ISO/IEC 8613,
- Font Information Interchange, ISO/IEC DIS 9541,
- Standard Page Description Language (SPDL), ISO/IEC DP 10180.

Soweit wie möglich und notwendig wurden die in diesen Dokumenten enthaltenen Konzepte für die Definitionen in den Kapiteln über Schriftsätze (character fonts) und Annotationstexte verwendet.

9.5 Beziehung zum Zeichnungswesen

Das Zeichnungswesen stellt ein bedeutendes Anwendungsgebiet der Präsentationsentities dar. Es benötigt flexible Möglichkeiten für die Visualisierung von Produktmodelldaten sowie umfassende Fähigkeiten zum Hinzufügen von Annotationen, wie z.B. Symbolen und Schraffuren.

Die Schnittstelle zum Zeichnungswesen sieht zwei Methoden vor, wie die Präsentationsattribute definiert und mit den Elementen der Zeichnung assoziiert werden können:

- die Verwendung der grundlegenden Attributbündel für die unterschiedlichen Gestalts- und Annotationsprimitive,
- die Verwendung der höherwertigen Layout-Hierarchie, die bereits vollständig transformierte Ansichten des Produktmodells beinhalten und diese bei Bedarf auf einer virtuellen Darstellungsfläche der Präsentation zusammen mit den Annotationen positionieren.

Für viele Aspekte des technischen Zeichnungswesens ist der Gebrauch der Layertechnik von großer Bedeutung und sind zudem Stand der Technik in den meisten CAD-Systemen. Daher wird die Layertechnik von der Präsentation zur Verfügung gestellt.

Transformationen können auch auf Annotationselemente angewendet werden. Die diesbezüglichen Lösungen der Präsentation sind allgemeiner Natur und korrespondieren mit Methoden wie sie in einigen CAD-Systemen zur Verfügung gestellt werden.

9.6 Implementierungskonzepte

Zur Realisierung des tatsächlichen Modelldatenaustausches selbst müssen Softwareprozessoren entwickelt werden, die es ermöglichen, CAD-Produktmodelldaten in das genormte neutrale Format der STEP-Schnittstelle zu wandeln und umgekehrt. Diese Prä- bzw. Postprozessierung kann durch zwei, in ihren Konzeptionen völlig unterschiedlichen, Implementierungsarten realisiert werden. In beiden Arten erfordert die Entwicklung der Prozessoren für das Informationsmodell STEP-Präsentation dasselbe Vorgehen wie für die übrigen Informationsmodelle von STEP. Dies liegt in der STEP-übergreifenden Verwendung der formalen Informationsspezifikationssprache EXPRESS begründet.

Die erste Implementierungsart bindet den Modelldatenaustausch direkt an das genormte Format der sequentiellen Austauschdatei. Dies bedeutet, daß Daten eines speziellen CAD-Systems in eine sogenannte physikalische STEP-Datei gewandelt werden, bzw. solch eine physikalische STEP-Datei gelesen und interpretiert wird, um daraus die entsprechenden CAD-systemspezifischen Daten zu erzeugen.

Diese Art der direkten Implementierung unter Zugrundelegung eines CAD-System-spezifischen Datenformats hat den Nachteil, daß der Programmcode für die Konvertierung jedes Entitys explizit geschrieben werden muß und nur für das betrachtete CAD-System verwendet werden kann [SCH90].

Eine darüber hinausgehende Art der Prozessorimplementierung sieht die Entwicklung eines Prozessor-Generators auf einer semantisch höheren Ebene vor. Ein Teil des für die Datenkonvertierung erforderlichen Programmcodes kann dadurch automatisch erzeugen werden.

Die Grundlage eines solchen Prozessor-Generators ist, neben der bereits vorhandenen formalen Spezifikation des STEP-Produktmodells, die formale Spezifikation auch des CAD-System spezifischen Produktmodells in EXPRESS. Ist dies vorhanden, dann kann der Modelldatenaustausch mit Hilfe von STEP in die beiden folgende Schritte zerlegt werden:

- Wandlung der entsprechenden EXPRESS-Schemata,
- anschließende Abbildung in das jeweilige Datenformat.

In einer Wissensbasis müssen allgemeine Relationen und Konvertierungsregeln zur Verfügung gestellt werden. Die Wandlung der EXPRESS-Schemata selbst erfolgt durch eine Inferenzmaschine, die die Konvertierungsregeln auf ihre Anwendbarkeit prüft und die für die Generierung des Programmcodes erforderlichen Aktionen aufruft. Die Konvertierungssequenzen werden anschließend in Programmsequenzen einer geeigneten Programmiersprache umgesetzt, die die Abbildung in das gewünschte Datenformat beinhalten [GU_90].

Die Einbindung von Techniken aus dem Bereich der KI (Künstliche-Intelligenz) in die Entwicklung des EXPRESS-Schemawandlers ermöglicht durch die Formalisierung und Abstraktion die Realisierung des Prozessor-Generators. Der Prozessor-Generator ist ein für unterschiedliche CAD-Systeme einsetzbares Softwarewerkzeug, das im Vergleich zu Prozessoren der ersten Implementierungsart den Anteil der systemabhängigen Module erheblich reduziert, da es auf dem inherenten EXPRESS-Schema und nicht auf dem Datenformat des CAD-Systems aufsetzt. Theoretisch kann in Zukunft aufgrund dieser Möglichkeit der EXPRESS-Schemawandlung gänzlich auf die Verwendung einer physikalischen Austauschdatei verzichtet werden.

10 Alternative Ansätze

Die Formalisierung der Schnittstellen für den Informationsaustausch wird schon in der nahen Zukunft zwingend erforderlich sein. Auch die Präsentation als die Schnittstelle zwischen Computer-Graphik und CAD/CIM muß formal spezifiziert werden. Zu diskutieren ist dabei zunächst die Fragestellung, welches Werkzeug zur rechnerverarbeitbaren Spezifikation der Präsentation herangezogen werden soll. Die Verwendung der teilweise objektorientierten Informationsmodellierungssprache EXPRESS bringt zwei wesentliche Vorteile mit sich:

- EXPRESS ist als einzige Sprache auf die speziellen Bedürfnisse des Informationsaustauschs mit Hilfe neutraler Schnittstellen ausgerichtet. Durch die Einbettung in das STEP-Projekt (siehe Kapitel 5.6) ist die schnittstellengerechte Weiterentwicklung von EXPRESS weitestgehend gewährleistet.
- Wegen der Spezifikation der Präsentation in EXPRESS kann dies als separates Informationsmodell innerhalb von STEP aufgenommen werden. Die zu erwartende weltweite Verbreitung von STEP ermöglicht die mittelfristige Realisierung der in der Präsentation enthaltenen Konzepte. Insbesondere kann somit das Bewußtsein der CAD-System-Hersteller und auch der CAD-System-Benutzer über die Rolle und Bedeutung des Graphik-Subsystems gestärkt werden.

Diese Gründe rechtfertigen den in den Kapiteln 9. und 12. beschrittenen Weg der Formalisierung der Präsentation mit Hilfe von EXPRESS sowie die Berücksichtigung der weiteren Randbedingungen des STEP-Projekts. Theoretisch jedoch kann die Präsentation in jeder anderen objektorientierten Sprache, wie z.B. Smalltalk-80, oder mit Hilfe der in Kapitel 6.7 erwähnten Datenstrukturmaschine spezifiziert werden.

Neben der Formalisierung stellt die Weiterverarbeitbarkeit der über die Präsentationsschnittstelle auszutauschenden Informationen ebenfalls eine bedeutende Anforderung dar (siehe auch Kapitel 1.1). Die Weiterverarbeitbarkeit auf beiden Seiten dieser Schnittstelle erfordert, daß die Assoziationen zwischen den entsprechenden Informationselementen gewahrt werden. Die Notwendigkeit der Erhaltung dieser Assoziationen führt zu den folgenden beiden wichtigen Auswirkungen innerhalb des Präsentationsmodells:

- Im Präsentationsmodell wird kein Attributbündel für Pixel spezifiziert. Einzelnen Pixeln, als den fixierten Rasterelementen eines gerasterten Ausgabegerätes bestimmter Größe, kann keine Bildsemantik zugewiesen werden. Daher ist es auch nicht möglich, einzelne Pixel mit CAD-Primitiven zu assoziieren. Somit entfällt die Notwendigkeit der Spezifikation eines Attributbündels für Pixel.
- Der Austausch von rein graphischen bzw. schon gerasterten Bildinformationen kann erfolgen durch:
  * graphische Bilddateien, wie z.B. CGM (IS 8632),
  * Rasterbilddateien, wie z.B. FTCRP oder NAPLPS.

  Da die Elemente dieser Austauschformate jedoch nicht mit den CAD-Primitiven assoziiert werden können, erfüllt deren unmittelbare Integration in das Präsentationsmodell nicht die Anforderung an die Weiterverarbeitbarkeit der Produktmodelldaten durch die graphisch-interaktive Manipulation der empfangenen Präsentation.

  Für bestimmte Anwendungen im Bereich des rein statischen CAD-Modelldatenaustauschs, ohne die Notwendigkeit der Erhaltung der dynamischen Weiterverarbeitbarkeit, kann der zusätzliche Austausch der rein bildlichen Darstellungen der CAD-Modelldaten selbst mit Hilfe der obigen Bildaustauschformate erfolgen. Doch dabei muß neben dem Verlust der Weiterverarbeitbarkeit auch der Verlust der Gewährleistung der Konsistenz zwischen den CAD-Modelldaten und deren Bilddateidaten sowie weiterhin eine Vervielfachung der auszutauschenden Datenmenge in Kauf genommen werden.

  In Anwendungsgebieten, in denen die Bildinformationen nicht automatisch aus einem semantisch höherwertigen Modell abgleitet werden müssen, besteht die Notwendigkeit der Erhaltung der Assoziativität nicht. In diesen Bereichen ist es sinnvoll auf die obigen Austauschformate zurückzugreifen. Z.B. sieht ODA-ODIF (IS 8613) die Möglichkeit der direkten Einbettung einzelner binär-kodierter CGM-Bilder in ein Dokument vor.

Diese Überlegungen belegen die Richtigkeit der Konzeption in den Kapiteln 7, 8 und 12:

- Basierung der Präsentationsattribute auf die Attribute der Normen des Computer-Grapik-Bereichs.
- Definition der Präsentationsprimitive, so daß sie auf semantisch möglichst hohem Niveau mit den zu visualisierenden CAD-Elementen assoziiert werden können. Die Bindung der Präsentationsattribute selbst erfolgt dadurch frühzeitig und ökonomisch im Sinne der Datenreduktion.

Im Detail der Definitionen der einzelnen Bestandteile des Präsentationsmodells sind bei zahlreichen Attributen, Elementen und Strukturen alternative Gesichtspunkte bzw. Lösungsansätze zu berücksichtigen bzw. zu überprüfen. Diese alternativen Ansätze liegen zum Teil in der Schwierigkeit bei der Festlegung des vollständigen Anforderungskatalogs an das Präsentationsmodell begründet. Die folgenden drei Fragestellungen mögen beispielhaft einige alternative oder gar erweiterte Konzepte für das Präsentationsmodell aufzeigen:

- Einige grundlegende Attribute der Normen des Computer-Graphik-Bereichs, wie z.B. zur Hervorhebung eines Elements durch periodisches Blinken, beinhalten das Konzept der Zeit. Da in Kapitel 7.2 die zeitliche Komponente aus der Realitäts-Pipeline ausgeschlossen wurde, stellen diese grundlegenden Attribute eine eher prinzipielle Erweiterung des gegenwärtigen Präsentationsmodells dar.

- Die beiden Annotationsprimitive:
  * Annotationssymbol,
  * Annotationstabelle

  werden aus den restlichen vier Annotationsprimitiven zusammengesetzt. Die Frage nach der Notwendigkeit bzw. der Vollständigkeit der Menge der komplexen Annotationsprimitive mit eigener semantischer Bedeutung hinsichtlich ihrer Rolle in der Symbolik-Pipeline der Präsentation, kann nur unter Berücksichtigung aller Anforderungen der CAD-Anwendungen beantwortet werden. Als direkte Zielvorgabe formuliert, sollte das Präsentationsmodell prinzipiell all diejenigen Annotationsprimitive berücksichtigen, die in einer Vielzahl von CAD-Anwendungen vorkommen.

- An das Strukturierungselement des Präsentationsgebiets in der Layout-Hierarchie der Präsentation können auch solche Anforderungen gerichtet werden, die ein Präsentationsgebiet nicht nur als starre virtuelle Darstellungsfläche beliebiger aber fester Größe betrachten, sondern weitergehend als flexibles Fenster in einem Fensterverwaltungssystem. Diese Fragestellung führt zu Auswirkungen hinsichtlich der Positionierbarkeit, Skalierbarkeit und Überlappung von Präsentationsgebieten. Weitergehende Anforderungen betreffen aber auch die Möglichkeit der rekursiven Definition von Präsentationsgebieten, um verschiedenartige Präsentationsformen flexibel miteinander mischen zu können. Die Verwendung von rekursiv definierten Präsentationsgebieten entspricht jedoch nicht dem aktuellen Stand der Visualisierungsmethoden von CAD-Systemen sowie dem aktuellen Stand der Technik in Fensterverwaltungssystemen und sollte daher zunächst nicht im Präsentationsmodell berücksichtigt werden.

11 Zusammenfassung und Ausblick

Nachdem zu Beginn des vorliegenden Buchs das Umfeld beschrieben und die zugrundeliegende Problemstellung der Präsentation von Produktmodelldaten aufgezeigt wurde, wurden zunächst zur Schaffung einer sicheren Ausgangsbasis der Stand der Technik in den Bereichen der Computer-Graphik sowie des CAD untersucht. Im weiteren Verlauf des Buchs mußte leider festgestellt werden, daß kein Referenzmodell existiert, das beide Gebiete gleichzeitig umfaßt und deren Zusammenwirken in ausreichendem Maße darstellt.

Anschließend wurden die existierenden bzw. in der Entwicklung befindlichen Normen des Computer-Graphik-Bereichs daraufhin geprüft und miteinander verglichen, welche Konzepte, Strukturen, Elemente und Attribute sie dem zu definierenden Präsentationsmodell zur Verfügung stellen. Die darauffolgende Untersuchung der existierenden nationalen Normen des CAD-Bereichs wies eindeutig darauf hin, daß sie, wenn überhaupt, nur sehr eingeschränkte Präsentationsmöglichkeiten besitzen. Zudem handelt es sich in solchen Fällen um einige wenige Vorkehrungen, die selbst an unterschiedlichen Stellen der jeweiligen Dokumente informell spezifiziert werden, ohne auf ein umfassendes Präsentationskonzept zu basieren.

Um dem Präsentationsmodell eine theoretische Grundlage zu geben, wurde zunächst ein leicht modularisierbares Produktmodell entwickelt, das die folgenden vier fundamentalen Komponenten aufweist:

- Produktlebenszyklus,
- Produktklassen,
- Produkteigenschaften,
- Produktpräsentation.

In dieses Produktmodell ist das Präsentationsmodell eingebettet, das somit die Aufgabe besitzt, die Eigenschaften eines Produktes einer bestimmten Klasse entsprechend der Phase des Lebenszyklus in einer durch die Anwendung bestimmten Art und Weise zu visualisieren.

Die nachfolgenden Überlegungen führten zu dem Ergebnis, daß es prinzipiell die beiden folgenden Möglichkeiten der visuellen Darstellung von Produkteigenschaften gibt:

- realitätstreue Präsentation,
- symbolische Präsentation.

Die Einschränkung der Komponenten des Produktmodells entsprechend dem heutigen Stand der Technik erlaubte die Konkretisierung der Präsentation sowie die Erstellung eines Referenzgraphen, der in einer Art Flußdiagramm die wichtigsten Prinzipien und Mechanismen des Präsentationsmodells verdeutlicht.

Sämtliche Bestandteile des Präsentationsmodells wurden ausführlich erläutert und ihre Wirkungsweisen beschrieben. Dabei ließen sich die folgenden Schwerpunkte bilden:

- Darstellungselemente, Attributbündel und Transformationen für die realitätstreue Präsentation,
- Darstellungselemente, Attributbündel und Transformationen für die symbolische Präsentation,
- hierarchische Strukturelemente zur Gestaltung des Layouts einer Präsentation sowie Mechanismen zur Unterstützung der Attributvererbung und des Layering, um eine wirkungsvolle Darstellungskontrolle zu ermöglichen,
- Aufbau und Verwendung von Schrift- und Symbolsatzbibliotheken,
- Leistungsstufen für die Definition von anforderungsgerechten Anwendungsprotokollen.

Die geforderte Wahrung der Assoziativität zwischen Produktmodell und Bildmodell durch das Präsentationsmodell wird dabei folgendermaßen geleistet:

- In realitätstreuen Darstellungen ermöglicht ein flexibler Referenzierungsmechanismus die Zuordnung der physikalischen Transformationen direkt an die zu visualisierende Produkteigenschaft.
- In symbolischen Darstellungen ermöglicht ein tabellengesteuerter Mechanismus die Verknüpfung der zu visualisierenden Produkteigenschaft mit einem semantisch sehr reichhaltig definierbaren Annotationselement.

Mit Hilfe weiterer Strukturierungselemente innerhalb der Layout-Hierarchie der Präsentationen können auch die wesentlichsten Relationen zwischen realitätstreuen und symbolischen Darstellungselementen erfaßt werden.

Mit diesen Resultaten des vorliegenden Buchs sowie den durch das STEP-Projekt vorgegebenen Randbedingungen kann die umfangreiche formale Spezifikation des Präsentationsmodells vorgenommen werden. Überlegungen zu alternativen Lösungsansätzen müssen vorher selbstverständlich in allen Phasen der Modellbildung berücksichtigt werden.

Um von den Möglichkeiten dieses vorliegenden Präsentationsmodells so frühzeitig wie möglich profitieren zu können, sollten in kurzfristig geplanten Vorhaben Vorvisualisierer (engl. Pre-Viewer) implementiert werden (siehe Abb. 11.1). Bei der Implementierung von Vorvisualisierern entfällt auf der Empfängerseite des Modelldatenaustausches die Postprozessierung der Produktmodelldaten. Diese müssen lediglich entsprechend den Präsentationsmodelldaten in Graphikmodelldaten reduziert werden und als Bilder auf einem graphischen Ausgabegerät

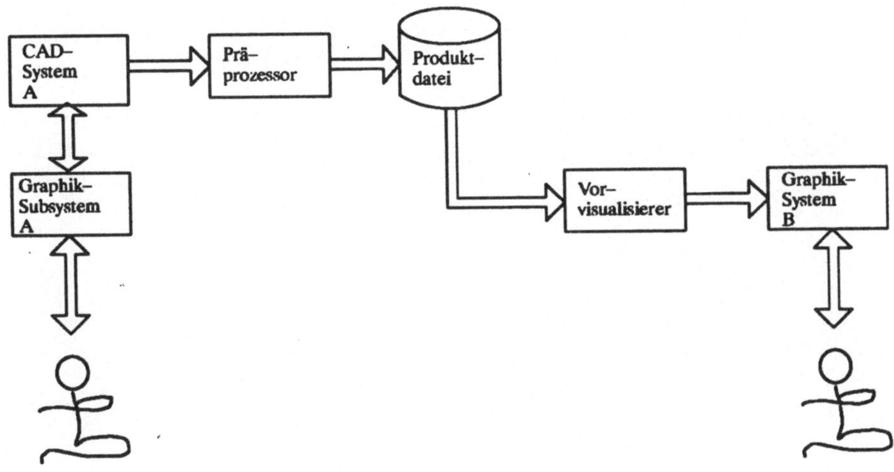

Abb. 11.1. Einsatzumfeld eines Vorvisualisierers

dargestellt werden. Auch auf die Wahrung der Assoziativität zwischen den Daten des Produktmodells und des Graphikmodells muß keine Rücksicht genommen werden.

Mittelfristig ist der Produktmodelldatenaustausch analog zu Abb. 1.2 zu realisieren. Hierbei wird wegen der Integration der Präsentationsinformationen in den Produktmodelldatenaustausch die graphisch-interaktive Weiterverarbeitbarkeit der empfangenen Produktmodelldaten ermöglicht. Allerdings wird die Aufbereitung der Präsentationsinformationen durch die Prozessoren für manche der heute gängigen CAD-Systeme mit Problemen verbunden sein, da diese häufig, ähnlich wie in den Normen des CAD-Bereichs, reine Produktmodellinformationen mit deren Präsentationsinformationen vermengen.

Da die verwendeten Methoden und Konzepte bei der Herleitung des Produkt- sowie des Präsentationsmodells unabhängig von der Art der Implementierung sind, wird der Modelldatenaustausch in beliebigen Datenformaten und auf unterschiedlichen Datenträgern ermöglicht. Daher ist langfristig neben dem obigen traditionellen systemverlassenden Austausch mit Magnetbändern auch der in Zukunft immer wichtiger werdende systeminterne Austausch mit Hilfe von zentralen oder verteilten Datenbanken zu realisieren [NOW89]. Dabei erlaubt das Präsentationsmodell jedem angeschlossenen Teilnehmer die Visualisierung der in der Datenbank gespeicherte Instanz des Produktmodells.

12 Anhänge

In diesem Kapitel werden zunächst zur vollständigen Detaillierung des Präsentationskonzepts die EXPRESS-G-Diagramme der einzelnen Aspekte des Präsentationsmodells vorgestellt. Diese EXPRESS-G-Diagramme wurden bereits in den Anhang des offiziellen Dokuments zur STEP-Präsentation übernommen.

Weiterhin befinden sich in diesem Kapitel die folgenden drei Listen, um dem verehrten Leser eine bessere Übersicht zu ermöglichen:

- verwendete Abkürzungen,
- Bildnachweis,
- Literaturverzeichnis.

12.1 EXPRESS-G-Referenzmodell des Präsentationsschemas

Das in den vorigen Kapiteln hergeleitete Konzept sowie die einzelnen Bestandteile der Präsentation können im technischen Detail mit Hilfe der formalen Informationsmodellierungssprache EXPRESS in einem Präsentationsschema spezifiziert werden. Im folgenden werden unter Verwendung der graphischen Beschreibungssprache EXPRESS-G die statischen, d.h. deskriptiven Komponenten der Präsentation in allen Einzelheiten dargestellt. Die funktionalen Fähigkeiten von EXPRESS, wie z.B. herzuleitende Attribute und lokale bzw. globale Regeln, können mit Hilfe von EXPRESS-G nicht angezeigt werden.

Die einzelnen Teilbilder können an den entsprechend markierten Anschluß- bzw. Fortführungspunkten miteinander verknüpft werden. Somit ist durch die Gesamtheit der Diagramme das Präsentationsschema vollständig in einem einzigen logischen Referenzmodell erfaßt.

An der EXPRESS-G-Beschreibungssprache wurden die folgenden Erweiterungen vorgenommen:

- Die aufgezählten Elemente eines Aufzählungstyps selbst werden in das EXPRESS-G-Referenzmodell aufgenommen und innerhalb punktierter Rechtecke dargestellt.

- Bei der Verknüpfung zweier Diagramme des EXPRESS-G-Referenzmodells wird das verbindende Entity zur leichteren Lesbarkeit in beide Diagramme aufgenommen und somit lediglich aus Übersichtlichkeitsgründen dupliziert.
- In ein Diagramm hineinkommende Eingangspunkte werden zur noch auffälligeren Unterscheidbarkeit im Gegensatz zu den aus dem Diagramm hinausgehenden Ausgangspunkten durch dick umrandete Fortsetzungskästchen dargestellt. Eingangspunkte bzw. Ausgangspunkte verdeutlichen die Referenzierungsrichtungen, d.h. die Existenzabhängigkeiten, der zueinander in Beziehung gebrachten Entitys.

Abb. 12.1 gibt eine kurze Zusammenfassung der wichtigsten Darstellungsmöglichkeiten von EXPRESS-G sowie der oben beschriebenen Erweiterungen.

Symbol	Bedeutung
ENTITY	Name eines Entity 's.
schema . entity	Referenz eines Entity 's , das in einem fremden Schema definiert ist.
A —name—o B	Entity B ist Subtype von Entity A , Entity A ist Supertype von Entity B.
A —name—o B	B ist Attribut von A mit Name „name", wobei die Kardinalitätsbeziehung angezeigt wird.
A- -name- -o B	B ist optionales Attribut von A mit Name „name", wobei die Kardinalitätsbeziehung angezeigt wird.
TYP	Name eines Typs.
BASISTYP	Name eines EXPRESS–Basistyps.
AUFZÄHLUNGS_ TYP	Name eines Aufzählungstyps.
AUFZÄHLUNG	Name eines Aufzählungselementes innerhalb eines Aufzählungstyps.
a,b	Fortsetzung folgt in Eingangspunkt b auf Diagramm a.
a,b	Fortsetzung des Ausgangspunkts b auf Diagramm a.

Abb. 12.1. Darstellungsmöglichkeiten von EXPRESS-G

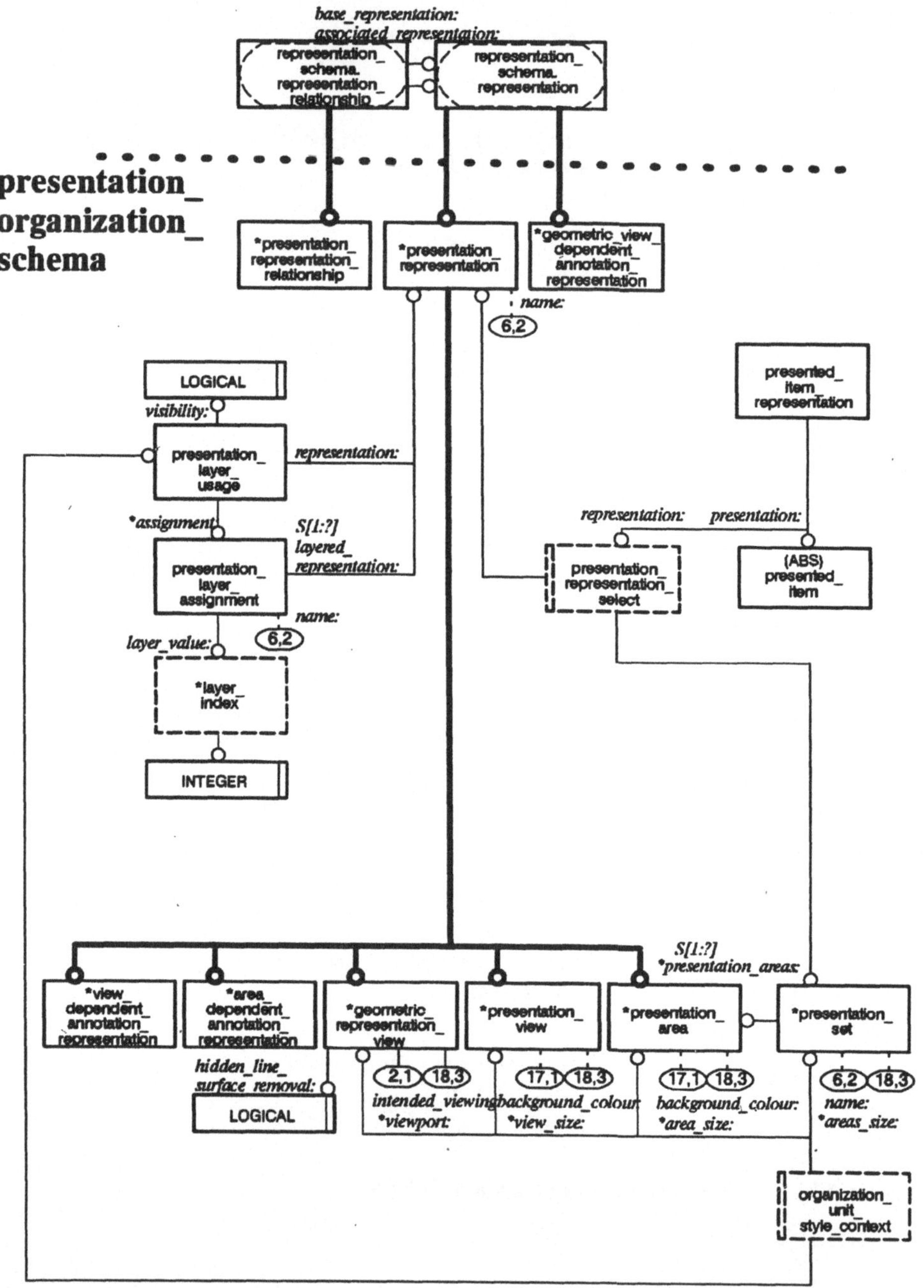

Abb. 12.2. Layout-Hierarchie im Organisations-Schema

**presentation_
organization_
schema**

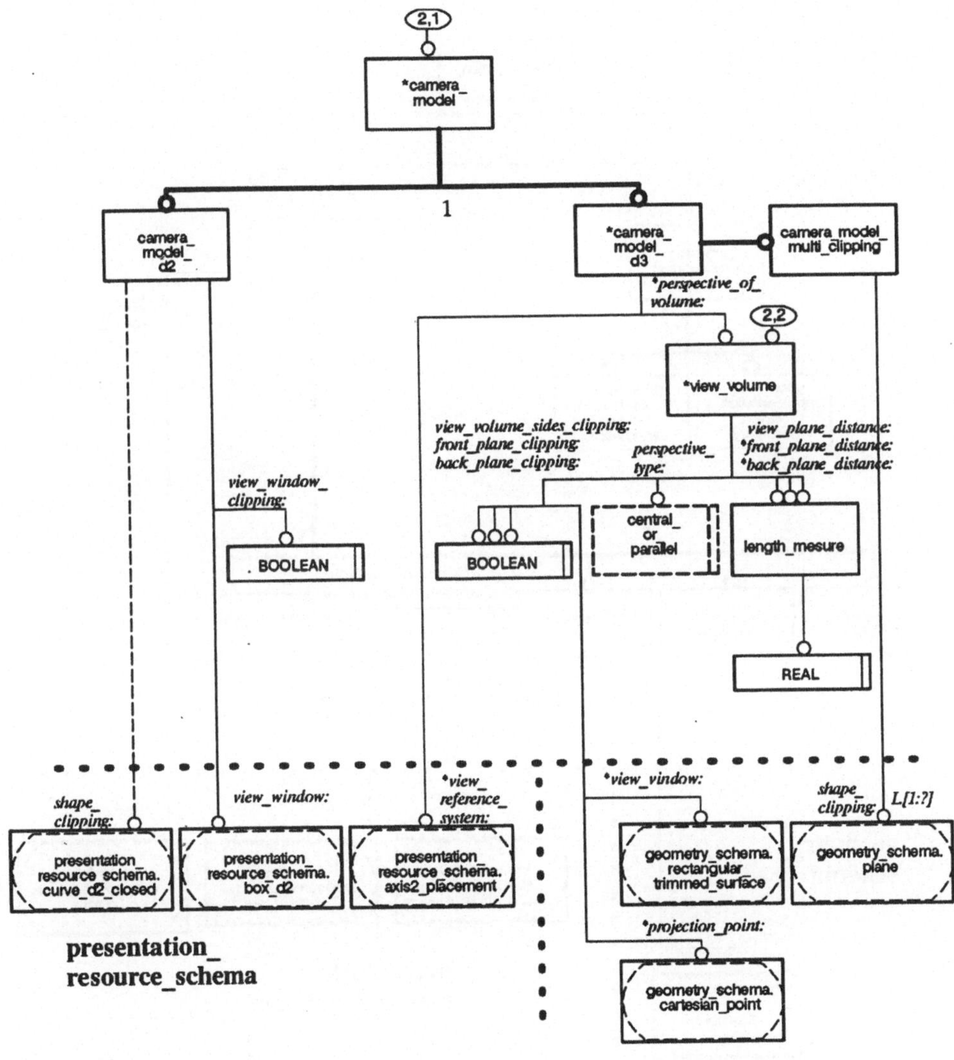

Abb. 12.3. Kameramodell im Organisations-Schema

presentation_ organization_ schema

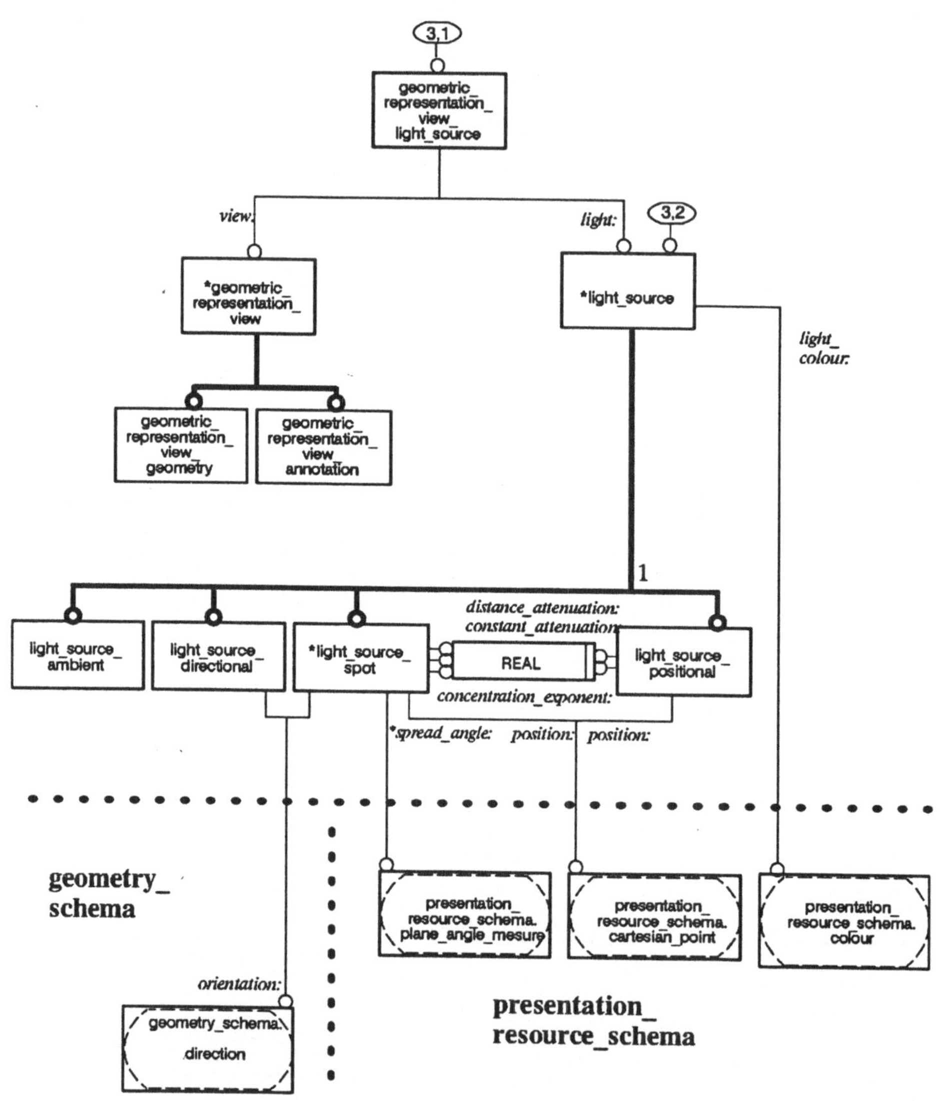

Abb. 12.4. Beleuchtungsmodell im Organisations-Schema

presentation_ definition_schema

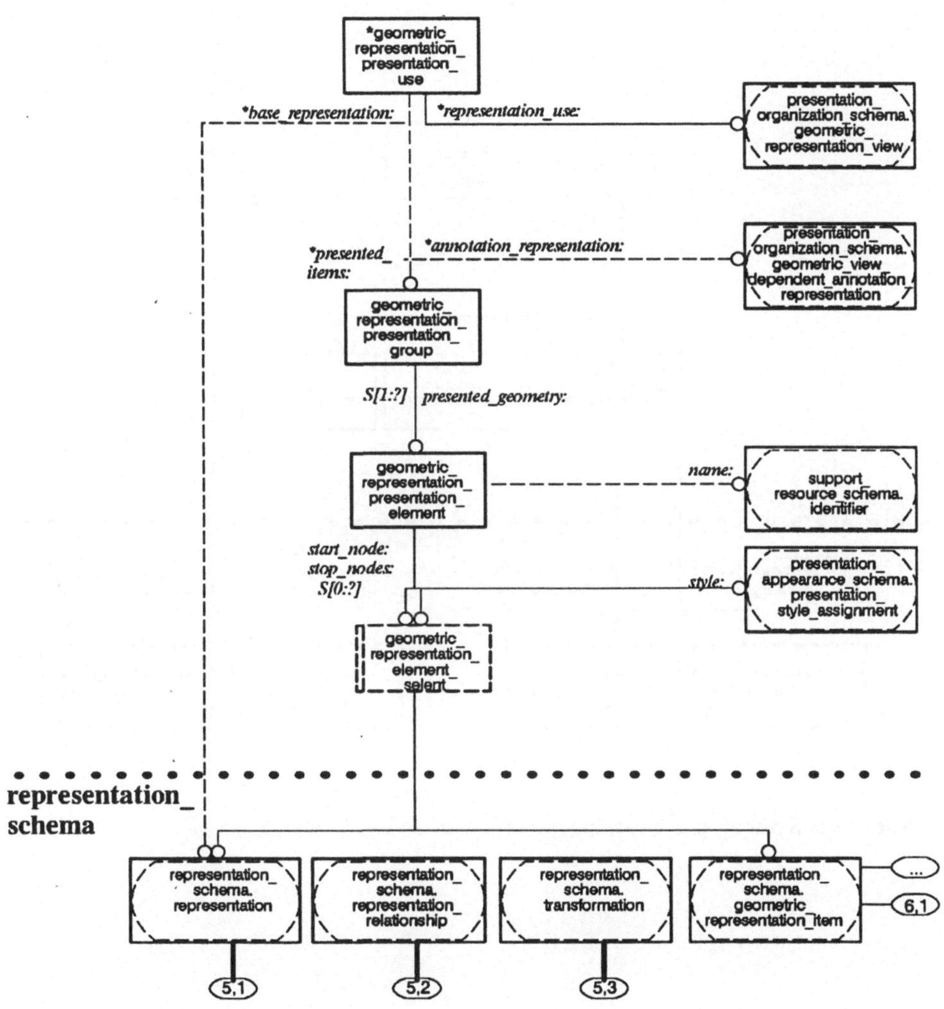

Abb. 12.5. Produktgestalt zur Präsentation im Definitions-Schema

presentation_ definition_schema

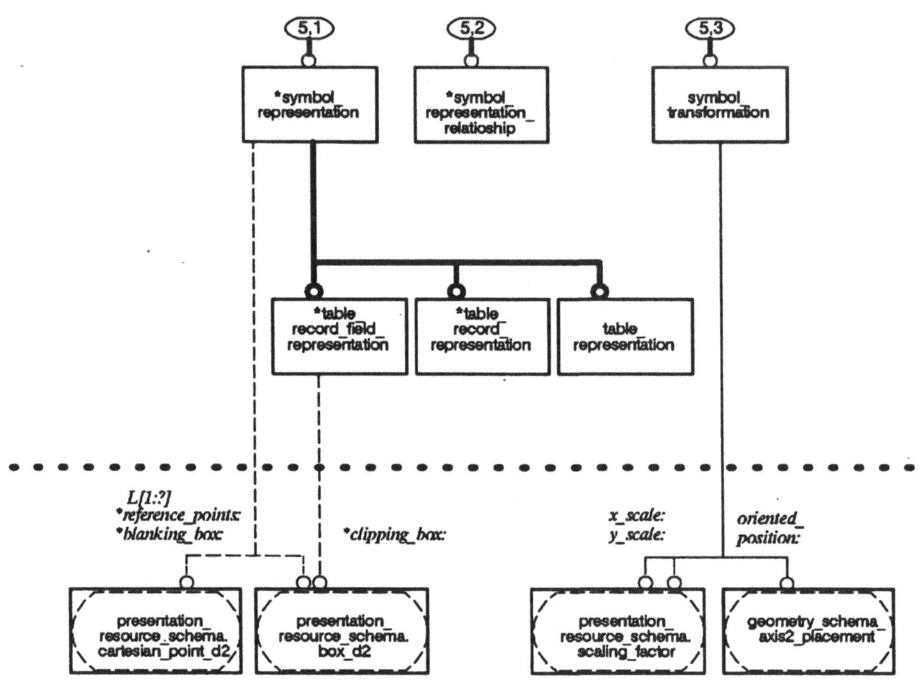

Abb. 12.6. Symbol- und Tabellenrepräsentation im Definitions-Schema

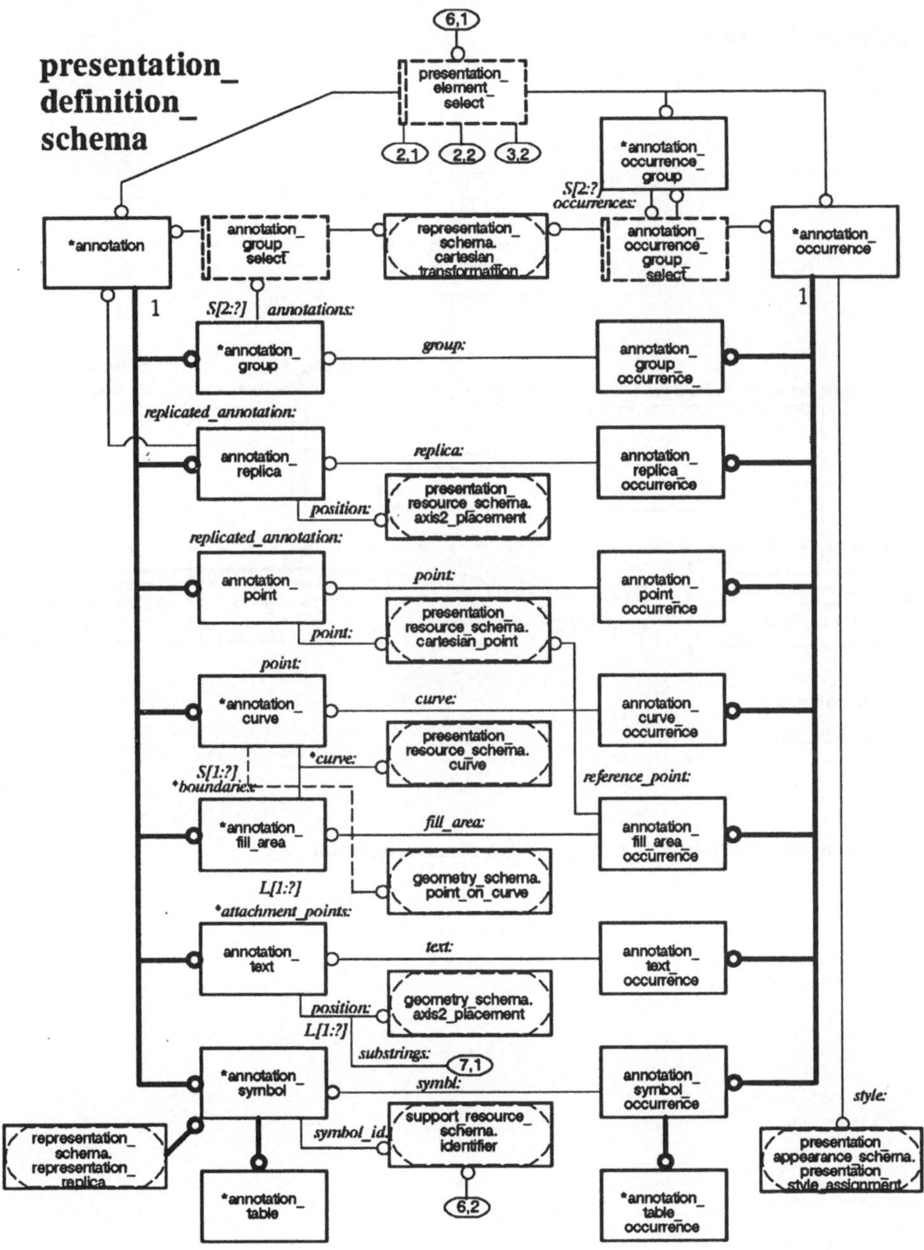

Abb. 12.7. Annotationselemente im Definitions-Schema

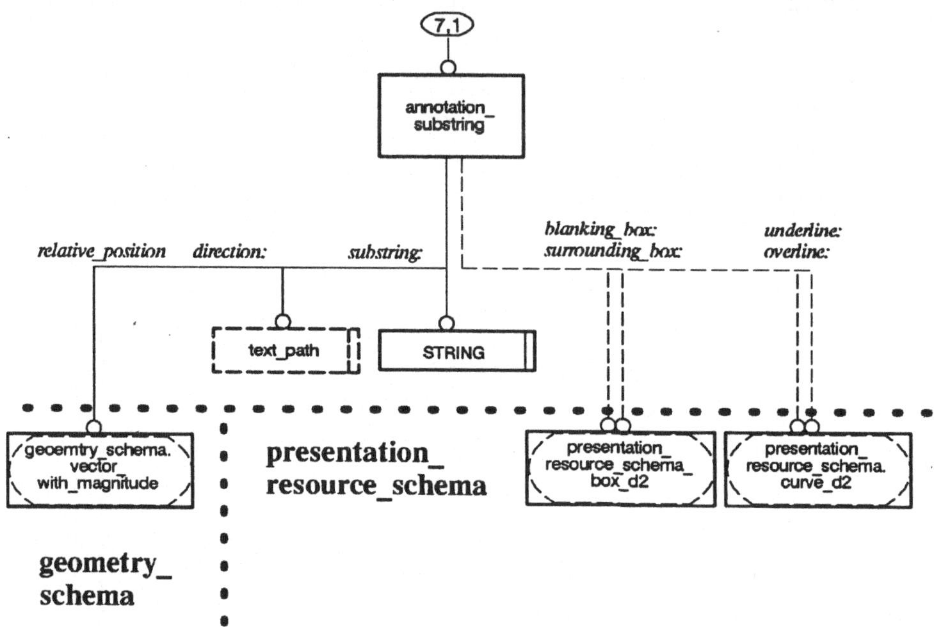

Abb. 12.8. Annotationszeichenfolge im Definitions-Schema

presentation_ appearance_schema

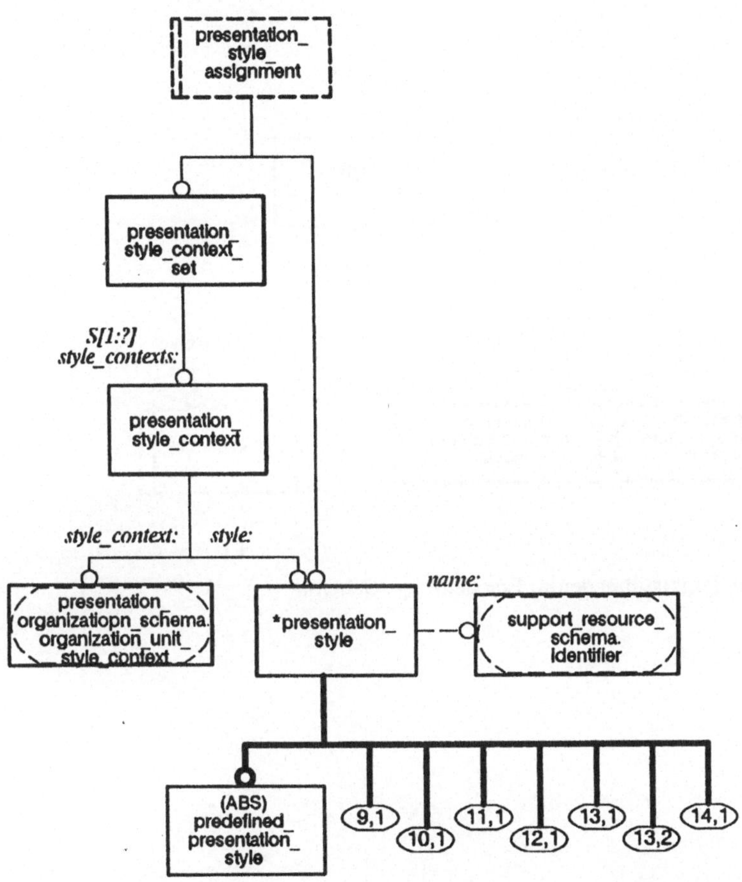

Abb. 12.9. Attributzuweisung im Erscheinungs-Schema

presentation_ appearance_schema

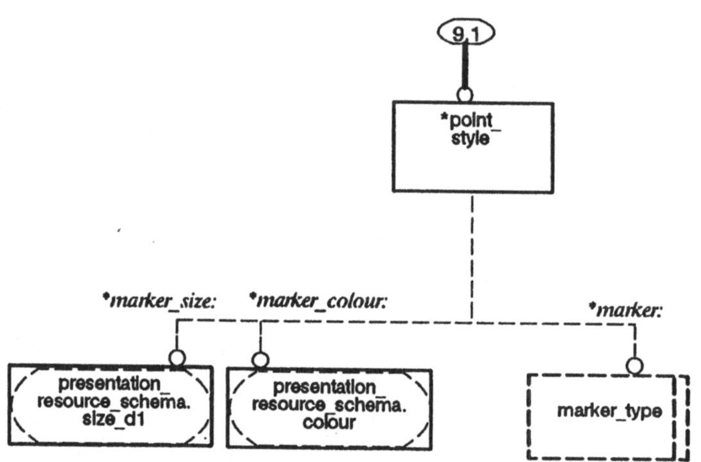

Abb. 12.10. Punktstilbündel im Erscheinungs-Schema

presentation_ appearance_schema

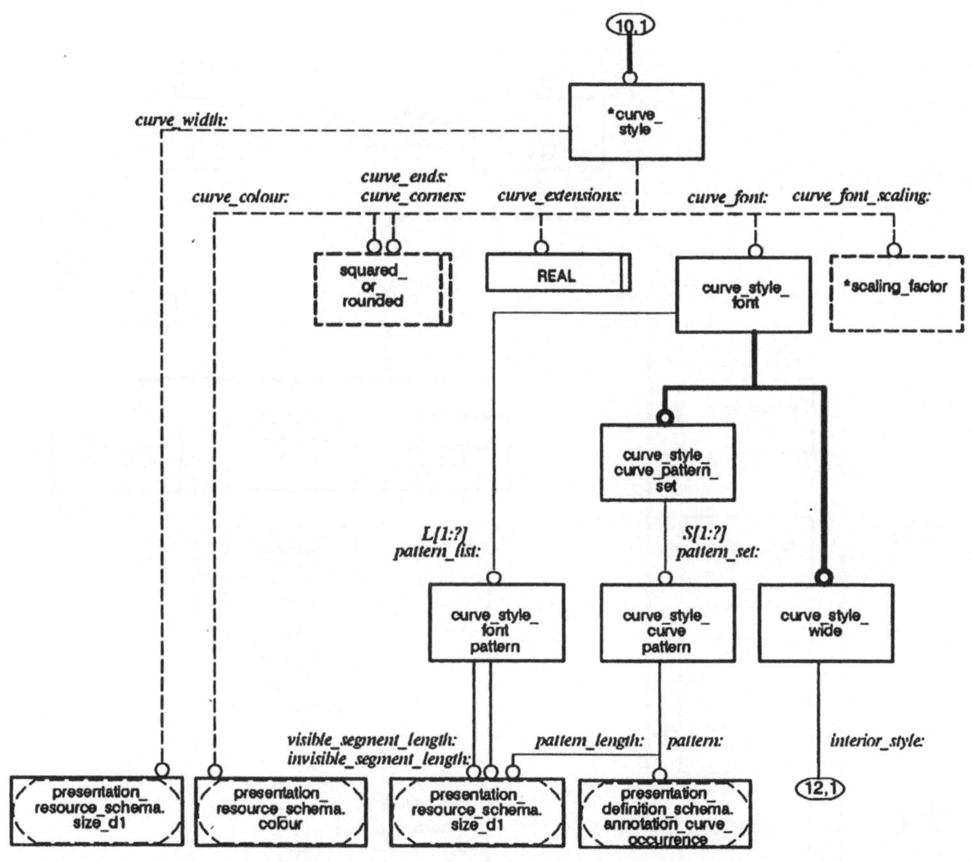

Abb. 12.11. Kurvenstilbündel im Erscheinungs-Schema

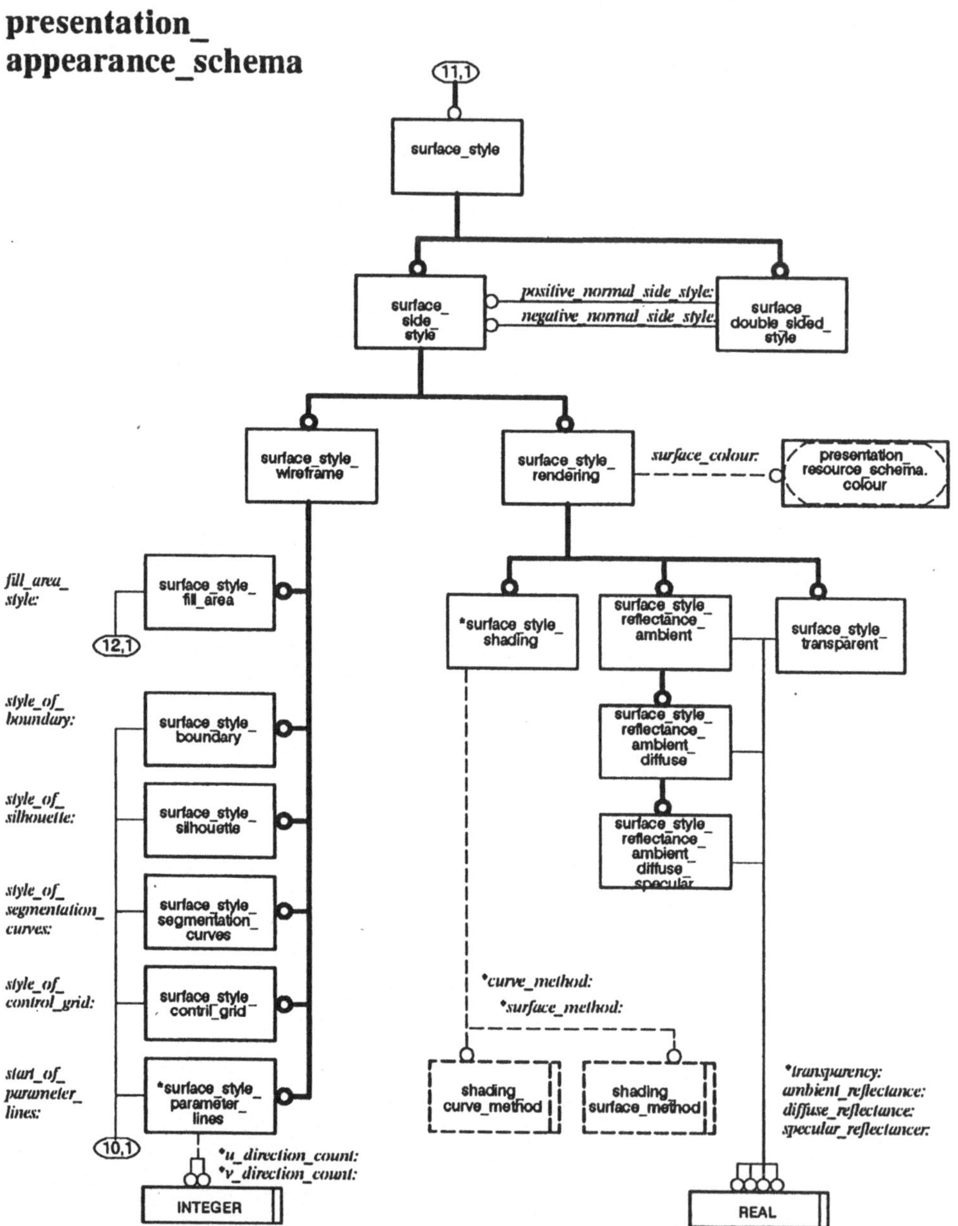

Abb. 12.12. Flächenstilbündel im Erscheinungs-Schema

presentation_ appearance_schema

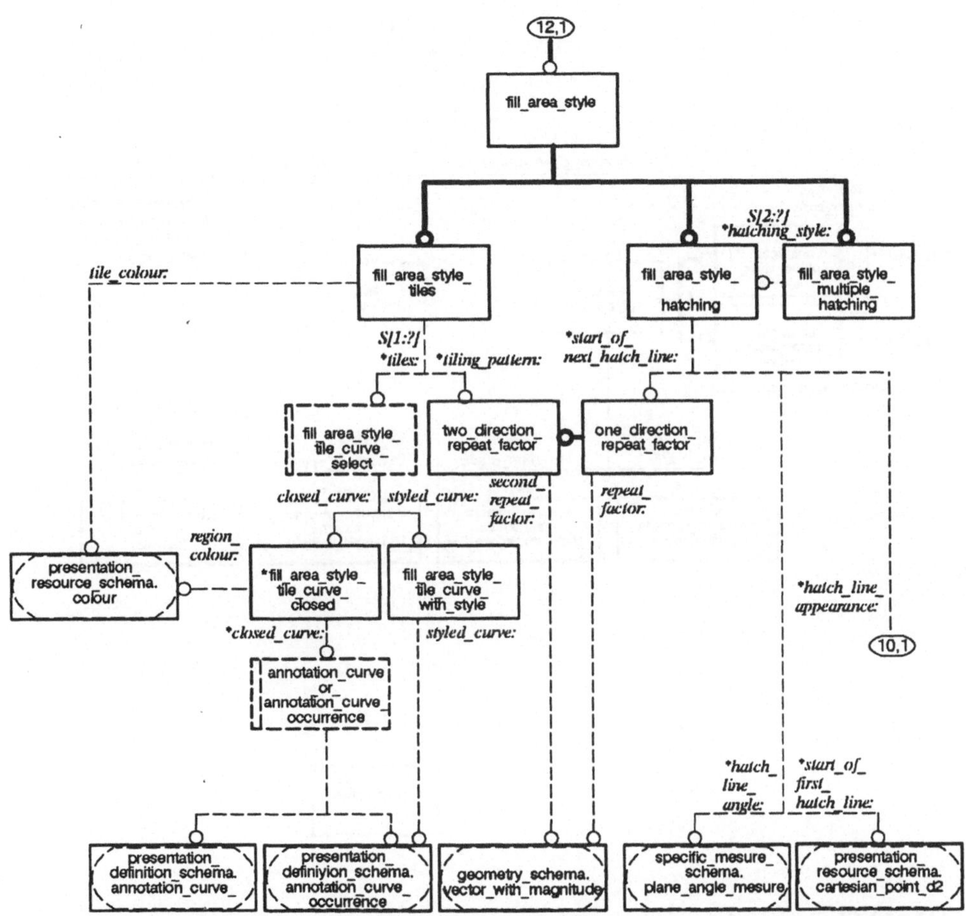

Abb. 12.13. Füllgebietbündel im Erscheinungs-Schema

presentation_ appearance_schema

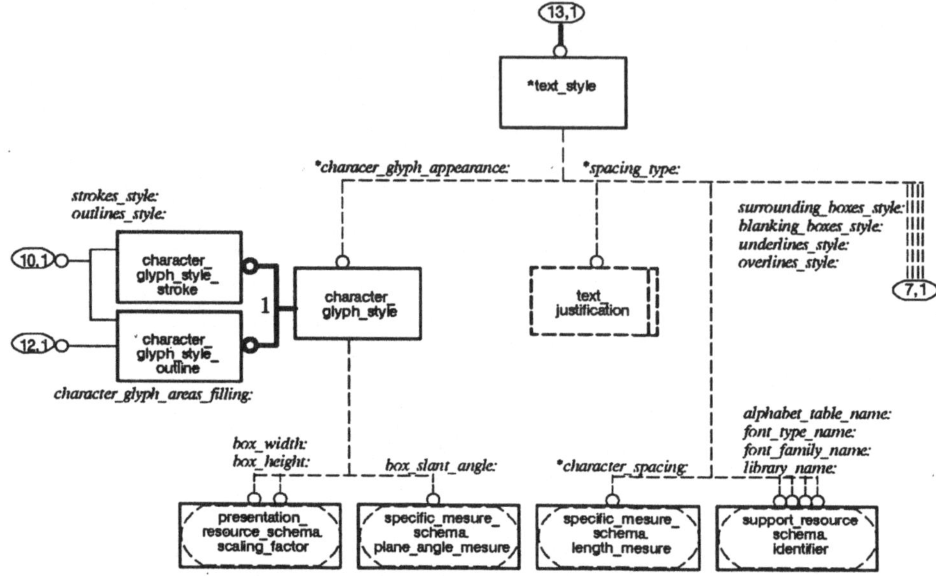

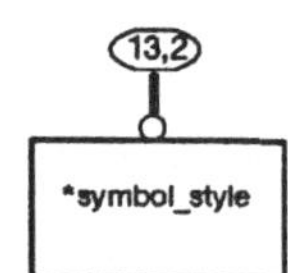

Abb. 12.14. Text- und Symbolbündel im Erscheinungs-Schema

presentation_ appearance_schema

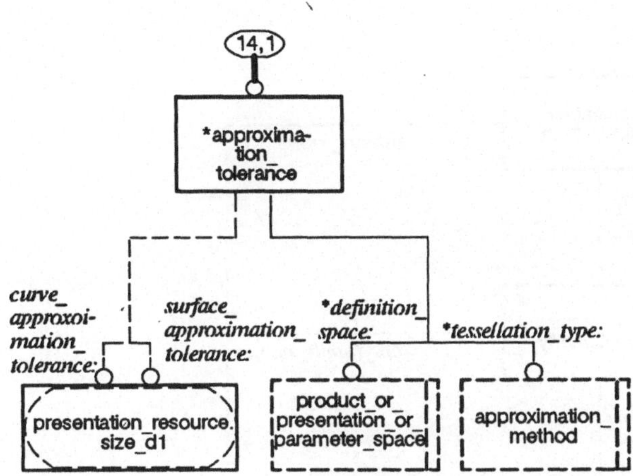

Abb. 12.15. Approximationstoleranz im Erscheinungs-Schema

presentation_ resource_schema

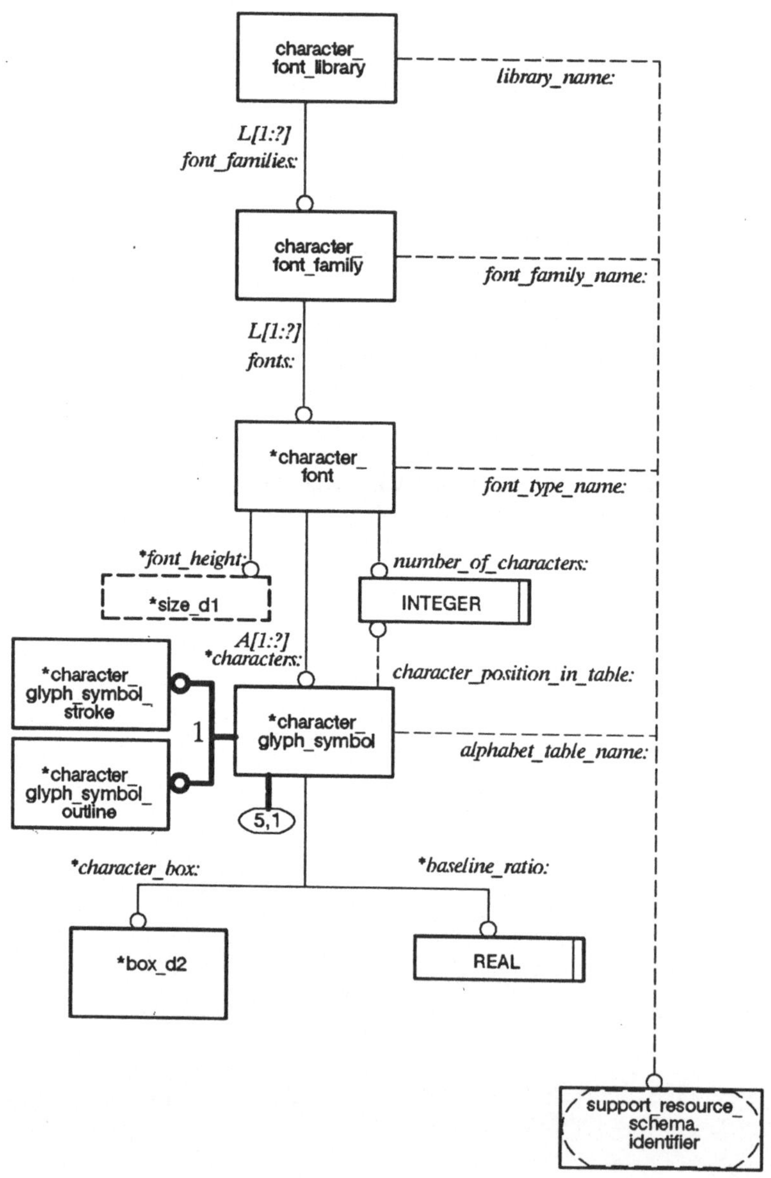

presentation_ resource_schema

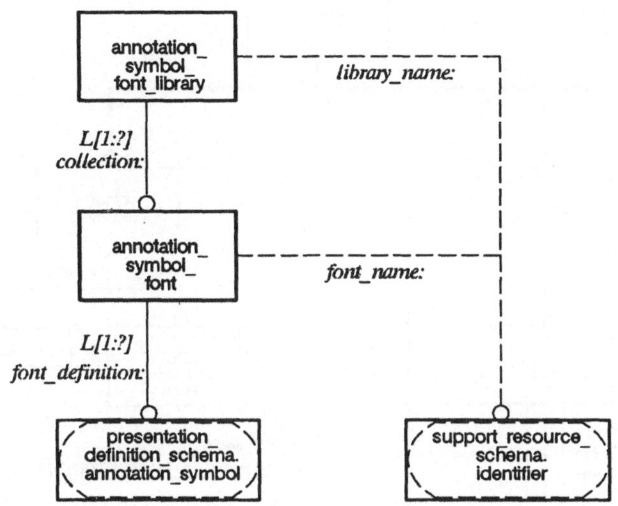

Abb. 12.17. Symbolsatzbibliothek im Grundlagen-Schema

presentation_ resource_schema

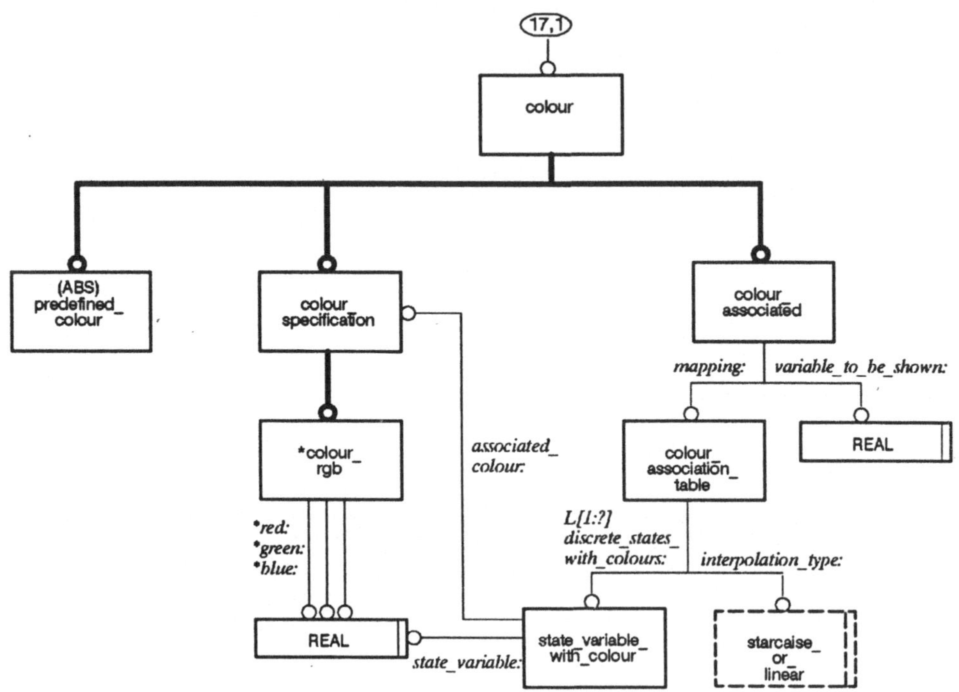

Abb. 12.18. Farbe im Grundlagen-Schema

presentation_resource_schema

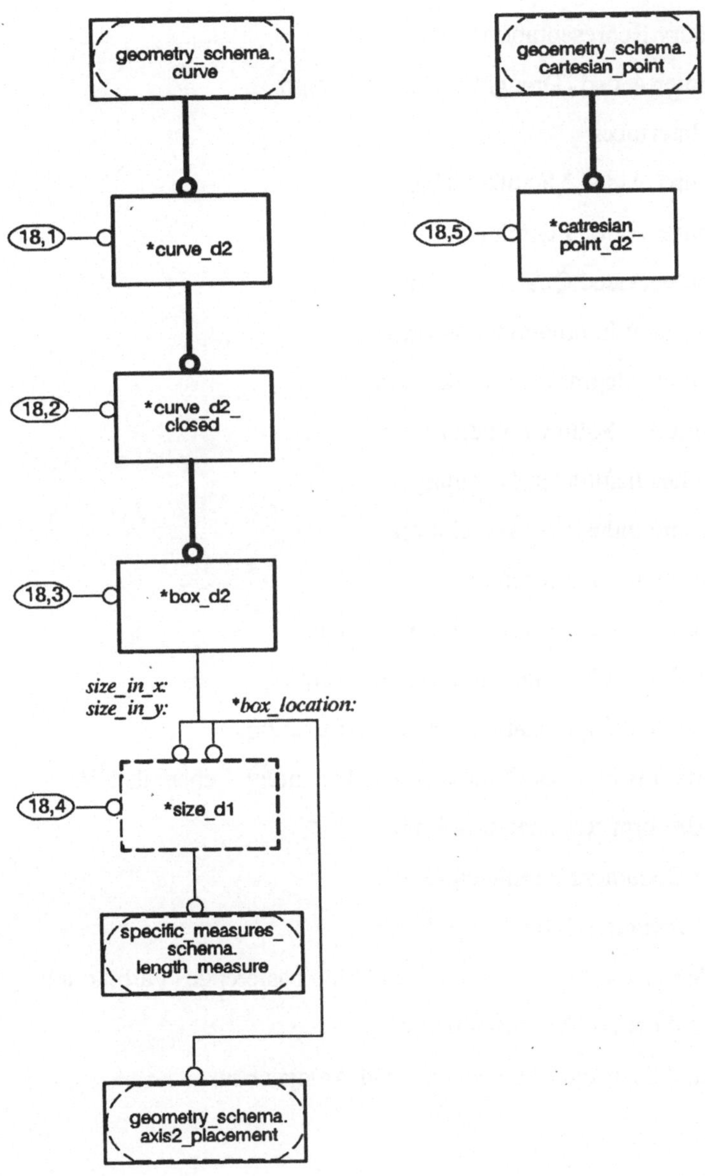

12.2 Abkürzungen

AFNOR	L'association française de normalisation
ANSI	American National Standards Institution
B-Rep	Boundary Representation
CAD	Computer Aided (Draughting bzw.) Design
CAD*I	CAD Interfaces
CAM	Computer Aided Manufacturing
CAP	Computer Aided Planning
CAQ	Computer Aided Quality Assurance
CIE	Commission International d'Eclairage
CIM	Computer Integrated Manufacturing
CSG	Constructive Solid Geometry
DIN	Deutsches Institut für Normung
EIA	Electronic Industries Association
GI	Gesellschaft für Informatik
HDSL	High Level Data Specification Language
IEC	International Electrotechnical Commission
ISO	International Organization for Standardization
NIST	National Institute for Standards and Technolgy - ehemals NBS
NURBS	Non-Uniform Rational B-Splines
ODA	Office Document Architecture
ODIF	Open Document Interchange Format
RGB	Auf den Primärfarben rot, grün und blau basierendes Farbmodell
VDA	Verband der Automobilindustrie
VDMA	Verband Deutscher Maschinen- und Anlagenbau

12.3 Abbildungsverzeichnis

Abb. 0.1. Umfeld des vorliegenden Buches V

Kapitel 1

Abb. 1.1. Austausch von Bilddateien 2
Abb. 1.2. Austausch von CAD-Dateien 3

Kapitel 2

Abb. 2.1. Entwicklung der Methodologie in der CAD-Technologie . . . 7

Kapitel 3

Abb. 3.1. Architektur des CAD-Referenzmodells der GI 11
Abb. 3.2. Architektur des COSMOS-Referenzmodells 13
Abb. 3.3. Präsentation als Schnittstelle 14

Kapitel 4

Abb. 4.1. Tabelle der globalen Eigenschaften der Graphikmodelle . . . 24
Abb. 4.2. Tabelle der Präsentationsaspekte in den Graphikmodellen . . . 27

Kapitel 5

Abb. 5.1.1. Beispiel einer Entity-Typ-Spezifikation in IGES (Teil 1) . . . 33
Abb. 5.1.2. Beispiel einer Entity-Typ-Spezifikation in IGES (Teil 2) . . . 34
Abb. 5.2. Beispiel einer Element-Spezifikation in VDAFS 37
Abb. 5.3. Beispiel einer Block-Element-Spezifikation in SET 43
Abb. 5.4. Beispiel einer Teilblock-Element-Spezifikation in SET 44
Abb. 5.5. Beispiel einer Bibliothek-Element-Spezifikation in SET 45
Abb. 5.6. Beispiel einer Element-Spezifikation in EDIF 48
Abb. 5.7. Beispiel einer Element-Spezifikation in VDAPS 51
Abb. 5.8. Beispiel einer Entity-Spezifikation in STEP 58
Abb. 5.9. Gesamtstruktur der STEP-Teile 59
Abb. 5.10. Tabelle der globalen Eigenschaften der CAD-Modelle 61
Abb. 5.11. Tabelle der Präsentationsaspekte in den CAD-Modellen 63

Kapitel 6

Abb. 6.1. Referenzbild des Produktmodells 72

Kapitel 7

Abb. 7.1. Grundlegende Darstellungsarten in der Präsentation 79
Abb. 7.2. Präsentations-Pipelines mit Anschlußpunkten 81
Abb. 7.3. Referenzbild der Präsentation 83
Abb. 7.4. Referenzgraph der Präsentation 84

Kapitel 8

Abb. 8.1. Layout-Hierarchie in der Präsentation (Beispiel 1) 101
Abb. 8.2. Layout-Hierarchie in der Präsentation (Beispiel 2) 102
Abb. 8.3 Leistungsstufenkonzept der Präsentation 108
Abb. 8.4 Sinnvolle Leistungsstufen in der Präsentation 109

Kapitel 9

Abb. 9.1. Einbettung der Präsentation in STEP 111

Kapitel 11

Abb. 11.1. Einsatzumfeld eines Vorvisualisierers 123

Kapitel 12

Abb. 12.1. Darstellungsmöglichkeiten von EXPRESS-G 127
Abb. 12.2. Layout-Hierarchie im Organisations-Schema 128
Abb. 12.3. Kameramodell im Organisations-Schema 129
Abb. 12.4. Beleuchtungsmodell im Organisations-Schema 130
Abb. 12.5. Produktgestalt zur Präsentation im Definitions-Schema 131
Abb. 12.6. Symbol- und Tabellenrepräsentation im Definitions-Schema . 132
Abb. 12.7. Annotationselemente im Definitions-Schema 133
Abb. 12.8. Annotationszeichenfolge im Definitions-Schema 134
Abb. 12.9. Attributzuweisung im Erscheinungs-Schema 135
Abb. 12.10. Punktstilbündel im Erscheinungs-Schema 136
Abb. 12.11. Kurvenstilbündel im Erscheinungs-Schema 137
Abb. 12.12. Flächenstilbündel im Erscheinungs-Schema 138
Abb. 12.13. Füllgebietbündel im Erscheinungs-Schema 139
Abb. 12.14. Text- und Symbolbündel im Erscheinungs-Schema 140
Abb. 12.15. Approximationstoleranz im Erscheinungs-Schema 141
Abb. 12.16. Schriftsatzbibliothek im Grundlagen-Schema 142
Abb. 12.17. Symbolsatzbibliothek im Grundlagen-Schema 143
Abb. 12.18. Farbe im Grundlagen-Schema 144
Abb. 12.19. Planare Kurven im Grundlagen-Schema 145

12.4 Literaturverzeichnis

[ABE90] O. Abeln: Die CA...-Techniken in der industriellen Praxis. Handbuch der computergestützten Ingenieur-Methoden, Carl Hanser Verlag, 1990

[ALT88] J. Altemueller: PDES/STEP Implementation Levels. ISO TC184/SC4/WG1 Dokument Nr. N-282, 1988

[AND89] R. Anderl: Integriertes Produktmodell. ZwF 84 (1989) 11, Carl Hanser Verlag, München 1989

[AND90] R. Anderl, M. Schmitt: State of the Art of Interfaces for the Exchange of Product Model Data in Industrial Applications. DIN-NAM 96.4 (TAP), Dokument Nr. 1-90, VDMA, Frankfurt 1990

[BJÖ89] B.-C. Björk, H. Pentilla: A Scenario for the Development and Implementation of a Building Product Model Standard. Advances in Engineering Software, Volume 11 No 4, Computational Mechanics Publication, 1989

[BRÄ89] N. Brändli: A New Specification Technique for CAD Models. Entnommen aus: E.G.Schlechtendahl (Ed.): CAD Data Transfer for Solid Models; Results of ESPRIT Project 322 CAD Interfaces (CAD*I), Springer-Verlag, 1989

[BUR89] A. Burkert, L. Froböse, K. Klement, S. Noll, J. Poller: Normungsaktivitäten in Graphik und CAD. ACGA – CAD und Computergraphik, 12. Jahrgang Nummer 1, Mai 1989

[CGR89] Computer Graphics Reference Model. ISO/IEC JTC1/SC24/WG1 Dokument Nr. N-84, 1989

[COU87] J. Coutaz: The Construction of User Interfaces and the Object Paradigm. Proceedings of European Conference on Object-Oriented Programming '87, Springer-Verlag, 1987

[EAR87] R.A. Earnshaw: New Mathematics for Computer Graphics. Beitrag zum Buch: Theoretical Foundations of Computer Graphics and CAD, (Ed.) R.A.Earnshaw; Springer-Verlag, 1987

[ENC86a] J.L. Encarnação: Interfaces and Data Transfer Formats in Computer Graphics Systems. Beitrag zum Buch: Product Data Interfaces in CAD/CAM Applications, (Eds.) Encarnaçao, Schuster, Vöge; Springer-Verlag, 1986

[ENC86b] J.L. Encarnação, W. Straßer: Computer Graphics. 2. Auflage, Oldenbourg Verlag, 1986

[ENC90] J.L. Encarnação, R. Lindner, E.G. Schlechtendahl: Computer Aided Design – Fundamentals and System Architectures. 2. Auflage, Springer-Verlag, 1990

[FAR88] G. Farin: Curves and Surfaces for Computer Aided Geometric Design. Academic Press, 1988

[GI_89] Gesellschaft für Informatik e.V. (GI): Referenzmodell für CAD-Systeme. Fachgruppe 4.2.1, Arbeitskreis 1, 1989

[GOU91] R. Goult, T. Day: STEP Part 42 – Shape Representation; ISO TC184/SC4 Dokument Nr. N-87, ISO CD 10303-42, Juni 1991

[GÖB89] M. Göbel, M. Mehl: Standards der Graphischen Datenverarbeitung. Expert Verlag, 1989

[GRA89] H. Grabowski, R. Anderl, B. Schilli, M. Schmitt: STEP – Entwicklung einer Schnittstelle zum Produktdatenaustausch. VDI-Z 131 Nr.9, 1989

[GU_90] K. Gu, K. Klement: Knowledge-Based Processor Generator for Data Exchange. IFIF WG 5.2, Workshop on Solid Modeling, Rensselaerville, New York, June 1990

[HAS90] S. Haßinger, K. Klement: Die Entwicklung der Körpermodellierung basierend auf Freiformflächen. Beitrag zum Buch über Geometrische Verfahren der Graphischen Datenverarbeitung, Buchreihe der ZGDV Beiträge zur Graphischen Datenverarbeitung, Springer-Verlag, 1990

[HER88] W. Herzner, W. Prinz, E. Wenger: Normung in der Graphischen Datenverarbeitung – Stand und Ausblick. CAD und Computergraphik, 11. Jahrgang Nummer 1, April 1988

[HOS89] J. Hoschek, D. Lasser: Grundlagen der geometrischen Datenverarbeitung. Teubner Verlag, 1989

[JOH86] R.H. Johnson: Solid Modeling – A State of the Art Report. Second Edition, North-Holland, Amsterdam 1986

[KIM89] F. Kimura, H. Suzuki: A CAD System for Efficient Product Design Based on Design Intent. Annals of the CIRP, Vol. 38, No. 1, 1989

[KLE88] K. Klement, H. Nowacki: Exchange of Model Presentation Information Between CAD Systems. Computers & Graphics, Vol. 12, No. 2, 1988

[KLE89a] K. Klement, M. Pirogowa: Ein Präsentationsmodell für die CAD-Norm STEP. Informatik Forschung und Entwicklung, Nr. 4, 1989

[KLE89b] K. Klement: Allgemeine Rotationsflächen und deren Darstellung als rationale Flächen. ACGA – CAD und Computergraphik, 12. Jahrgang Nummer 1, Mai 1989

[KLE89c] K. Klement, J. Polacek: Brillenentwurf als Anwendung von CAD. ACGA – CAD und Computergraphik, 12. Jahrgang Nummer 1, Mai 1989

[KLE90a] K. Klement, S. Haßinger, M. Koch: COSMOS – Konstruktion und Modellierung mit System. Topics – Mitteilungen aus dem Haus der Graphischen Datenverarbeitung, Darmstadt, Nr.3 1990

[KLE90b] K. Klement, J. Polacek, S. Haßinger, J. Rix: COSMOS – Konzept einer CAD-Umgebung auf Basis des Produktmodells. Beitrag zum Buch über Geometrische Verfahren der Graphischen Datenverarbeitung, Buchreihe der ZGDV Beiträge zur Graphischen Datenverarbeitung, Springer-Verlag, 1990

[KLE90c] K. Klement: Presentation of Product Model Data – an Interaface between Graphics and CAD. Eurographics'90 Proceedings, North-Holland Verlag, 1990

[KLE90d] K. Klement: 2D and 3D Perspective Transformations. Computers & Graphics, Vol. 14, No. 1, 1990

[KLE91] K. Klement, H. Nowacki: STEP Part 46 – Visual Presentation. ISO TC184/SC4/WG3/P2, September 1991

[LOO87] M.E.S. Loomis, A.V. Shah, J.E. Rumbaugh: An Object Modeling Technique for Conceptual Design. Proceedings of European Conference on Object-Oriented Programming '87, Springer-Verlag, 1987

[MAA91] J. Van Maanen: STEP Part 21 – Clear Text Encoding of the Exchange Structure. ISO TC184/SC4 Dokument Nr. N-91, ISO CD 10303-21, Juli 1991

[MÄN89] M. Mäntylä: Directions for Research in Product Modeling. Beitrag zum Buch: Computer Applications in Construction and Engineering, (Eds.) F.Kimura, A.Rolstadas; IFIP, 1989

[MCK91] A. McKay, W.F. Danner: STEP Part 41 – Fundamentals of Product Description and Support. ISO TC184/SC4/WG5 Dokument Nr. N-16, Juni 1991

[MIT88] K.M. Mittelstaedt, D.E.E. Trippner: CAD Data Exchange. Beitrag zum Buch: Advances in Computer Graphics III, (Ed.) M.M.de Ruiter; Springer-Verlag, 1988

[NOL87] S. Noll, J. Poller, J. Rix: Harmonisierung graphischer Standards – PHI-GKS sichert Kompabilität von PHIGS zu GKS-3D. Informatik Spektrum, Band 10, Heft 5, Springer-Verlag, 1987

[NOW89] H. Nowacki: Integration, Interaction, and Visualization for Engineering Design. Unterlagen zum Vortrag auf der Eurographics'89 Konferenz, Hamburg, September 1989

[OWE90] J. Owen: STEP Part 31 – Conformance Testing, Methodology and Framework, General Concepts. ISO TC184/SC4/WG1, 1990

[PAR91] R. Parks, M. Fox: STEP Part 101 – Draughting Resources. ISO TC184/SC4 Dokument Nr. N-97, ISO CD 10303-101, August 1991

[POL89] J. Poller: Referenzmodell zur Beschreibung der Graphischen Datenverarbeitung und zur Integration graphischer Systeme mit anderen Bereichen der Datenverarbeitung. Dissertation im Fachbereich Informatik der Technischen Hochschule in Darmstadt, 1989

[RIX88] J. Rix: Schnelle interaktive Bildgenerierung von linien- und flächenorientierten Objekten in Rastersystemen. Dissertation im Fachbereich Informatik der Technischen Hochschule in Darmstadt, 1988

[RIX91] J. Rix: The Second Generation of Graphics Standards. wird voraussichtlich 1991 veröffentlicht

[SAN91] D. Sanford, Y. Yang: STEP Part 43 – Representation Structures. ISO TC184/SC4 Dokument Nr. N-93, ISO CD 10303-43, August 1991

[SCH86a] E.G. Schlechtendahl (Editor): Specification of a CAD*I Neutral File for Solids – Version 2.1. Research Report ESPRIT Project 322 CAD Interfaces (CAD*I) Volume 1, Springer-Verlag, 1986

[SCH86b] R. Schuster: Progress in the Development of CAD/CAM Interfaces for Transfer of Product Definition Data. Beitrag zum Buch über Product Data Interfaces in CAD/CAM Applications, Ed. Encarnaçao, Schuster, Vöge; Springer-Verlag, 1986

[SCH90] K. Schroeder, K. Gu, K. Klement, J. Rix: Entwicklung von STEP Prozessoren für den Produktdatenaustausch. Beitrag zum Buch über Geometrische Verfahren der Graphischen Datenverarbeitung, Buchreihe der ZGDV Beiträge zur Graphischen Datenverarbeitung, Springer-Verlag, 1990

[SCH91] D. Schenk, P. Spiby: STEP Part 11 – EXPRESS Language Reference Manual. Annex B - EXPRESS-G; ISO TC184/SC4/WG 5 Dokument Nr. N-14, April 1991

[SEC90] TC184/SC4 Secretariat: Gothenburg Meeting – 26&27 June 1990. Resolution 68 and Resolution 69, ISO TC184/SC4 Dokument Nr. N-63, 1990

[SHA89] N. Shaw: Numeric Expressions for STEP. ISO TC184/SC4/WG1 Dokument Nr. N-395, 1989

[SHA91] N. Shaw: STEP Part 1 – Overview and Fundamental Principles. ISO TC184/SC4/Editing Dokument Nr. N-11, Mai 1991

[SHI89] K. Shimada, M. Numao, H. Masuda, S. Kawabe: Constraint-Based Object Description for Product Modeling. Beitrag zum Buch: Computer Applications in Construction and Engineering, (Eds.) F.Kimura, A.Rolstadas; IFIP, 1989

[SPU84] G. Spur, F.L. Krause: CAD-Technik; Carl Hanser Verlag, 1984

[WEN89] B.G. Wenzel: A Software Development Architecture for STEP. ISO TC184/SC4/WG1 Dokument Nr. N-426, 1989

[WIL85] P.R. Wilson: Euler Formulas and Geometric Modeling. IEEE CG&A, August 1985

[WIL88] A.L. Williams: A Guide to Reading an IDEF1X Model. ISO TC184/SC4/WG1 Dokument Nr. N-273, 1988

[WIS88] P. Wisskirchen: Object-Oriented Graphics. Beitrag zum Buch: Advances in Computer Graphics III, (Ed.) M.M. de Ruiter; Springer-Verlag, 1988

Beiträge zur Graphischen Datenverarbeitung

J. L. Encarnação (Hrsg.): Aktuelle Themen der Graphischen Datenverarbeitung. IX, 361 Seiten, 84 Abbildungen, 1986

G. Mazzola, D. Krömker, G. R Hofmann: Rasterbild - Bildraster. Anwendung der Graphischen Datenverarbeitung zur geometrischen Analyse eines Meisterwerks der Renaissance: Raffaels „Schule von Athen". XV, 80 Seiten, 60 Abbildungen, 1987

W. Hübner, G. Lux-Mülders, M. Muth: THESEUS. Die Benutzungsoberfläche der UNIBASE-Softwareentwicklungsumgebung. X, 391 Seiten, 28 Abbildungen, 1987

M. H. Ungerer (Hrsg.): CAD-Schnittstellen und Datentransferformate im Elektronik-Bereich. VII, 120 Seiten, 77 Abbildungen, 1987

H. R. Weber (Hrsg.): CAD-Datenaustausch und -Datenverwaltung. Schnittstellen in Architektur, Bauwesen und Maschinenbau. VII, 232 Seiten, 112 Abbildungen, 1988

J. Encarnação, H. Kuhlmann (Hrsg.): Graphik in Industrie und Technik. XVI, 361 Seiten, 195 Abbildungen, 1989

D. Krömker, H. Steusloff, H.-P. Subel (Hrsg.): PRODIA und PRODAT. Dialog- und Datenbankschnittstellen für Systementwurfswerkzeuge. XII, 426 Seiten, 45 Abbildungen, 1989

J. L. Encarnação, P. C. Lockemann, U. Rembold (Hrsg.): AUDIUS Außendienstunterstützungssystem. Anforderungen, Konzepte und Lösungsvorschläge. XII, 440 Seiten, 165 Abbildungen, 1990

J. L. Encarnação, J. Hoschek, J. Rix (Hrsg.): Geometrische Verfahren der Graphischen Datenverarbeitung. VIII, 362 Seiten, 195 Abbildungen, 1990

W. Hübner: Entwurf Graphischer Benutzerschnittstellen. Ein objektorientiertes Interaktionsmodell zur Spezifikation graphischer Dialoge. IX, 324 Seiten, 129 Abbildungen, 1990

B. Alheit, M. Göbel, M. Mehl, R. Ziegler: CGI und CGM. Graphische Standards für die Praxis. X, 192 Seiten, 44 Abbildungen, 1991

M. Frühauf, M. Göbel (Hrsg.): Visualisierung von Volumendaten. X, 178 Seiten, 107 Abbildungen, 1991

D. Krömker: Visualisierungssysteme. X, 221 Seiten, 54 Abbildungen, 1992

G. R. Hofmann: Naturalismus in der Computergrahik. VIII, 136 Seiten, 78 Abbildungen, 1992

J. L. Encarnação, H.-O. Peitgen, G. Sakas, G. Englert (Eds.): Fractal Geometry and Computer Graphics. XI, 254 Seiten, 172 Abbildungen, 1992

K. Klement: Präsentation mit STEP. Schnittstellen zwischen Computer-Graphik und CAD/CIM. IX, 168 Seiten, 50 Abbildungen, 1992